计算机绘图教程

张爱荣　梁红玉　主编

国防工業出版社

·北京·

内容简介

本书是在作者总结多年教学经验和教改成果的基础上编写而成的，符合教育部高等学校教学指导委员会制定的“普通高等学校本科工程图学课程教学基本要求”。本书是“山西省教育厅机械工程训练实验教学中心课题”项目的研究成果。

全书共15章。主要内容包括Auto CAD 2012软件的绘图和编辑命令；图层及图块；尺寸标注；文字及表格；布局与图形输出；绘制平面图形、组合体、剖视图、断面图、标准件、零件图及装配图；三维建模等。本书内容简洁明了，实用性强，可作为高等学校本科相关专业的计算机绘图教材，也可供计算机绘图的初学者自学使用。

图书在版编目（CIP）数据

计算机绘图教程/张爱荣，梁红玉主编. —北京：国防工业出版社，2017.4
ISBN 978-7-118-09191-5

Ⅰ. ①计… Ⅱ. ①张… ②梁… Ⅲ. ①AutoCAD 软件－教材②计算机辅助设计－应用软件－教材 Ⅳ. ①TP391.72

中国版本图书馆 CIP 数据核字（2013）第 294179 号

※

国防工业出版社出版发行
（北京市海淀区紫竹院南路 23 号 邮政编码 100048）
北京京华虎彩印刷有限公司印刷
新华书店经售

*

开本 787×1092 1/16 印张 7¾ 字数 166 千字
2017 年 4 月第 1 版第 3 次印刷 印数 3501—5000 册 **定价 28.00 元**

国防书店：（010）88540777 发行邮购：（010）88540776
发行传真：（010）88540755 发行业务：（010）88540717

前　言

随着计算机技术的飞速发展，计算机辅助设计技术已经广泛应用于机械制造、机械电子、化学工程、轻工纺织、土木建筑、航空航天及造船等多个领域。计算机绘图能力成为工程技术人员必备的基本技能。Auto CAD 软件是美国 Autodesk 公司推出的一款计算机辅助设计软件，它具有强大的二维绘图、三维建模及二次开发的功能，是目前全球用户最多的 CAD 软件之一。

本书是“山西省教育厅机械工程训练实验教学中心课题”项目的研究成果。作为计算机绘图的实用教程，本书在编写方面具有如下特点：

（1）总结了多年计算机绘图教学及实践经验，以工程设计时对 CAD 绘图软件功能的基本需求为基础，结合了工程制图的基础知识要点，注重工程实用。

（2）书中所涉及的制图标准均采用最新国家标准，使读者在学习计算机绘图的技能和技巧的同时，掌握计算机绘制工程图样的国家标准。

（3）各章节课后均附有习题，有助于帮助读者进行自我检测所学习的知识。

（4）本书内容精炼、结构合理紧凑，浅显易懂。

本书由张爱荣与梁红玉主编，参加编写的有张爱荣（第 1 章、第 4 章、第 8 章）；郭永生（第 2 章）；梁红玉（第 3 章）；娄菊红（第 5 章）；王亮军（第 9 章、第 10 章）；刘嘉（第 6 章）；李烨（第 7 章）；许鑫（第 11 章、第 12 章、第 13 章）；刘晓（第 15 章）；赵晓梅（第 14 章），最后由张爱荣统稿。

由于编者水平有限，对本书中所存在的缺点或不足，恳请读者批评指正。

编　者

2013 年 10 月

目　录

第1章　计算机绘图的基本知识

随着科学技术的发展，计算机技术已进入到各个领域，在机械制造业中，计算机辅助设计/计算机辅助制造（CAD/CAM）起主导作用。计算机绘图作为现代设计绘图工作的一个重要手段，已经成为计算机辅助设计（CAE）中很重要的一部分。计算机绘图有着手工绘图所不能比拟的优点，如绘图速度快，质量好；便于修改、保存和检索；在一些处理程序的支持下，能够完成设计、分析、计算、仿真及直接驱动数控机床工作，大大缩短了设计绘图周期，提高了设计质量。目前计算机绘图已经被广泛地应用在各个领域。

1.1　计算机绘图简介

计算机绘图（Computer Aided Drawing）是利用计算机硬件和软件来绘制并输出图形的方法和技术，是把数字化的图形信息通过计算机存储、处理，并通过计算机外接输出设备将图形显示或打印出来的过程。计算机绘图在机械图样的绘制、仿真模拟和动画制作、建筑设计、美术设计、测量工程、环艺设计等方面的应用非常广泛。

1.2　常用计算机绘图软件简介

应用于绘制工程图样的计算机绘图软件很多，下面介绍常用的一些计算机绘图软件。

1）AutoCAD

AutoCAD 是美国 Auto Desk 公司推出的绘图软件，它界面规范，功能齐全，操作简便，一直广泛应用于机械、建筑、航天航空等领域。

2）CAXA 电子图板

CAXA 电子图板是北京北航海尔软件有限公司开发的国产绘图软件，它具有国家制图标准的设置，并提供了丰富的图库（包括机械和电子的标准图形符号等）。

3）UG NX

UG NX 是面向制造业的 CAD/CAM/CAE 一体化的三维软件，它提供了实体建模技术和曲面建构能力，能够完成复杂的造型设计，可实现设计、绘图、装配、工程仿真和数控加工。

4）Pro/Engineer（Pro/E）

Pro/Engineer（Pro/E）也是当前应用比较广泛的 CAD/CAM/CAE 三维软件之一，它可以实现产品零部件从概念设计到制造全过程设计自动化，用于航空航天、机械、汽车、电气和计算机等行业的设计制造。

5）SolidWorks

SolidWorks 是一套机械设计自动化软件，可以用于实现设计、绘图、装配和工程仿真。它功能强大，易学易用，还可以快速地生成符合国家标准的零件图和装配图。

6）Inventor

Inventor 是美国 Auto Desk 公司推出的三维参数化绘图软件，可以实现设计、绘图、装配和工程仿真，可与 AutoCAD 与 3DMAX 等软件兼容。

1.3 学习方法

计算机绘图是一门实践性很强的课程，因此学习本课程需要理论联系实践，严格遵守国家制图标准，加强软件应用的上机练习，熟练掌握绘图软件的应用和操作技能，不断总结、积累绘图经验，提高计算机绘图的质量和绘图效率。

第 2 章　CAD 制图标准的一些基本规定

工程图样是工程技术人员表达设计思想和进行技术交流的语言，是指导生产的重要技术文件。工程图样的绘制必须符合国家相关的制图标准规定。GB/T 18229—2000《CAD 工程制图规则》中规定了计算机绘制工程图的基本规则，其中图纸幅面及格式、比例、剖面符号、标题栏和明细栏等内容与 GB/T 14689—2008 和 GB/T 14690—1993《技术制图》标准基本相同。

2.1　图纸幅面和格式

用计算机绘制工程图时，其图纸幅面和格式遵守 GB/T 14689—2008《技术制图》的有关规定。

1．图纸幅面

图纸宽度与长度组成的图面称为图纸幅面，如表 2-1 所列。

表 2-1　基本幅面的图框格式尺寸　　单位：mm

<table>
<tr><td>幅面代号</td><td>A0</td><td>A1</td><td>A2</td><td>A3</td><td>A4</td></tr>
<tr><td>B×L</td><td>841×1189</td><td>594×841</td><td>420×594</td><td>297 ×420</td><td>210×297</td></tr>
<tr><td>e</td><td colspan="2">20</td><td colspan="3">10</td></tr>
<tr><td>c</td><td colspan="3">10</td><td colspan="2">5</td></tr>
<tr><td>a</td><td colspan="5">25</td></tr>
</table>

2．图框格式

在图纸上必须用粗实线绘制图框，其格式可分为不留装订边和留有装订边两种，但同一产品的图样只能采用一种格式，如图 2-1 所示。

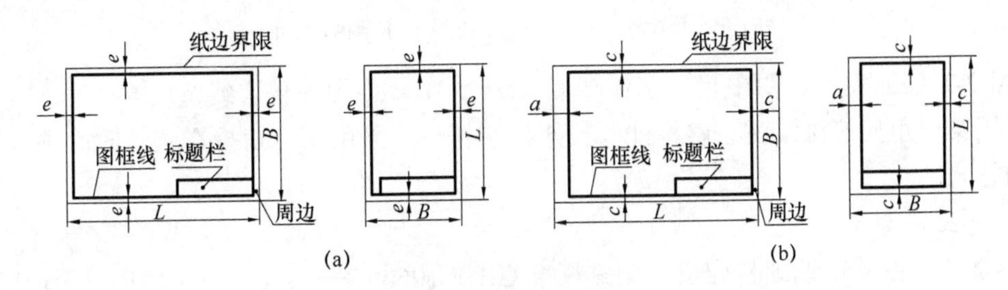

图 2-1　图框格式

（a）不留装订边的图框格式；（b）留装订边的图框格式。

2.2 标题栏与明细表

1．标题栏的方位与格式

CAD 工程图中的标题栏应遵守国家标准 GB/T 10609.1—2008《技术制图 标题栏》中的有关规定。

每张图纸上都必须画出标题栏，标题栏的位置应位于图纸的右下角，如图 2-1 所示。

国家标准 GB/T 10609.1—2008《技术制图 标题栏》规定了技术图样中标题栏的基本要求、内容、尺寸与格式。标题栏的格式可参照图 2-2 所示。

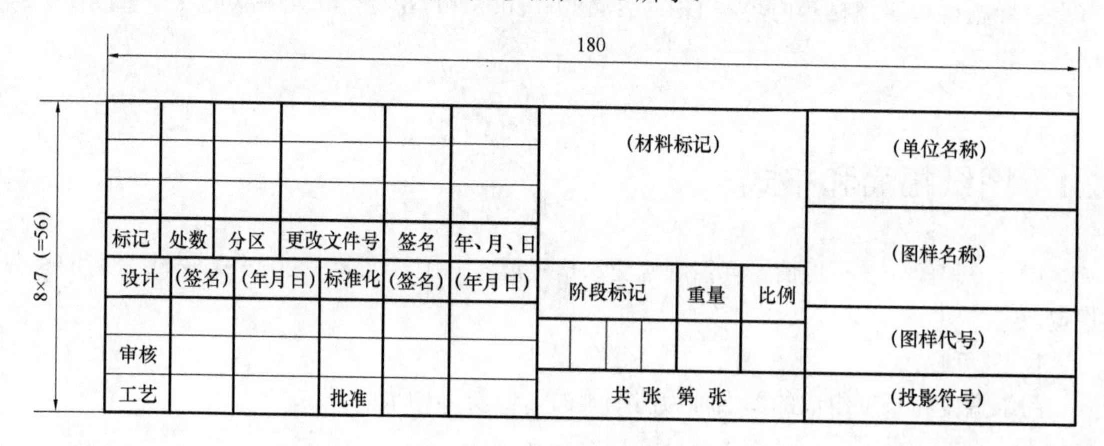

图 2-2 标题栏的格式举例

在机械 CAD 工程制图中，根据设计图纸的需要可设置对中符号、方向符号及投影符号等附加符号。

投影识别符号的画法如图 2-3 所示。

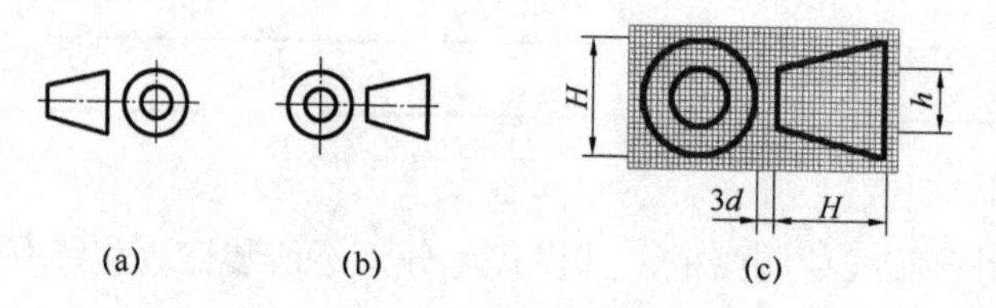

图 2-3 投影识别符号

（a）第一角画法；（b）第三角画法；（c）符号的尺寸比例。

（图 2-3（c）中，h=图中尺寸字体高度（H=2h），d 为图中粗实线宽度）

采用第一角投影画法时省略标注其投影识别符号，采用第三角投影画法时必须标注其投影识别符号。

2．明细栏

CAD 工程图中的明细栏应遵守国家标准 GB/T 10609.2—1998《技术制图 明细栏》中的有关规定，如图 2-4 所示，明细栏位于标题栏上方，按照由下而上的顺序填写。

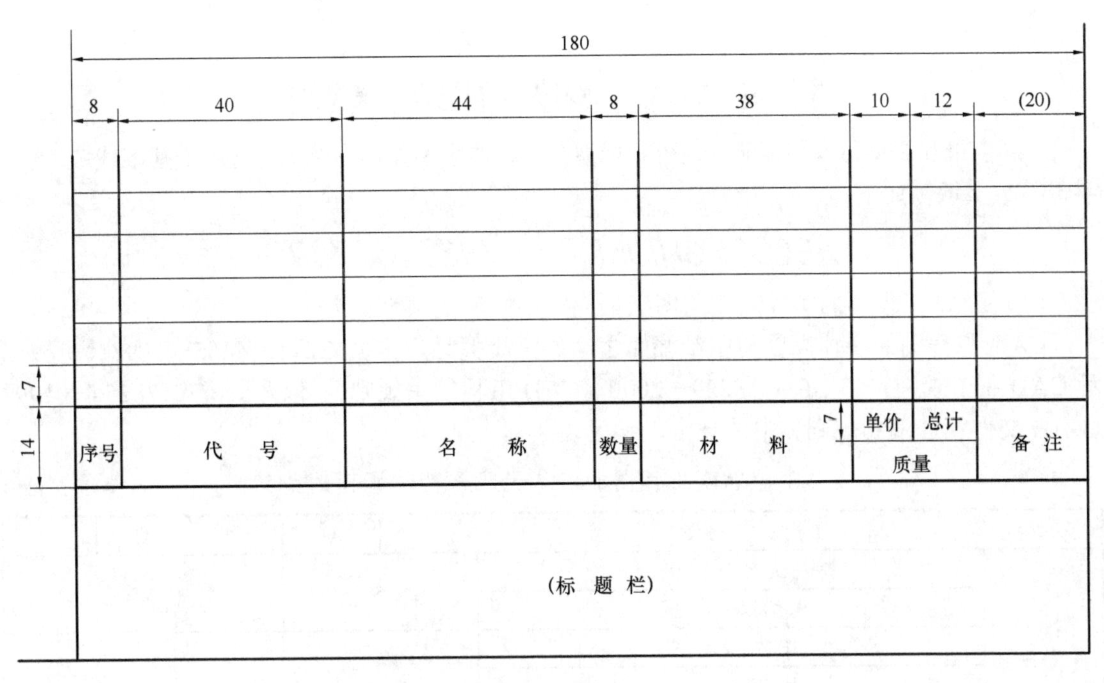

图 2-4　明细表格式

2.3　比例

用计算机绘制工程图时的比例大小应按照国家标准 GB/T 14690—1993 中规定。比例是图中图形与其实物相应要素的线性尺寸之比。

需要按比例绘制图样时，应根据图样情况从表 2-2 规定的系列中选取适当的比例。在作图时，不论采用何种比例，图样中所标注的尺寸数值都必须是机件的实际尺寸。同一物体的各个视图采用相同的比例值标注在标题栏内。

表 2-2　比例系列值

种类	比　例	备注
原值比例	1:1	n 为正整数
放大比例	2:1　2×10^n:1　5:1　5×10^n:1　1×10^n:1	
缩小比例	1:2　1:2×10^n　1:5　1:5×10^n　1:10　1:1×10^n	

2.4　字体

CAD 绘图中所用字体应按《机械制图用计算机信息交换 常用长仿宋矢量字体、代（符）号》即 GB/T 13362.4—1992 和《技术制图 字体》即 GB/T 14691—1993 规定书写。CAD 工程图中所用的字体，其大小与选用范围如下。

（1）汉字应选用长仿宋矢量字体，汉字字高不应小于 3.5mm，其字宽一般为 $h/\sqrt{2}$ 。汉字示例如下：

字体端正 笔画清楚 排列整齐 间隔均匀 填满方格

（2）字母和数字可写成斜体，也可写成直体。斜体字字头向右倾斜，与水平基准线成 75°。字母与数字示例如下：

ABCDEFGHIJKL　　　0123456789Ø

（3）CAD 工程图的字体高度与图纸幅面大小之间的关系。

CAD 工程图的字体高度与图纸幅面之间的大小关系应根据 GB/T 14665—1998《机械工程 CAD 制图规则》和 GB/T 18229—2000《CAD 工程制图规则》，以及 GB/T 17825.4—1999《CAD 文件管理编制规则》中的规定，参见表 2-3。

表 2-3　CAD 工程图的字体大小与图纸幅面的关系　　单位：mm

<table>
<tr><th>字体</th><th colspan="2">文字用途</th><th>A0</th><th>A1</th><th>A2</th><th>A3</th><th>A4</th></tr>
<tr><td rowspan="7">汉字、字母和数字</td><td colspan="2">图形尺寸及文字</td><td colspan="2" rowspan="2">5</td><td colspan="3" rowspan="2">3.5</td></tr>
<tr><td colspan="2">技术要求中的内容</td></tr>
<tr><td colspan="2">图样中零部件序号</td><td colspan="2" rowspan="2">7</td><td colspan="3" rowspan="2">5</td></tr>
<tr><td colspan="2">“技术要求”4 个字</td></tr>
<tr><td rowspan="2">标题栏</td><td>图形名称、单位名称、图形代号和材料标记</td><td colspan="5">5</td></tr>
<tr><td>其他</td><td colspan="5" rowspan="2">3.5</td></tr>
<tr><td colspan="2">明细栏</td></tr>
</table>

2.5　图线

1．图线线型及应用

CAD 工程图中所用的图线应遵照 GB/T 4457.4—2002《机械制图 图线》与 GB/T 14665—1998《机械工程 CAD 制图规则》中的有关规定。国家标准 GB/T 4457.4—2002《机械制图 图样画法 图线》规定了机械制图中所用 9 种图线的代码、名称、线型和用途，如表 2-4 所列。

表 2-4　机械制图标准规定的图线

图线名称	线　型	用　途
细实线		尺寸线、尺寸界线、剖面线、重合断面的轮廓线、螺纹牙底线、齿轮的齿根线、指引线、过渡线
波浪线		断裂处的边界线、视图和剖视的分界线
双折线		断裂处的边界线、视图和剖视的分界线
粗实线		可见轮廓线、螺纹牙顶线、螺纹终止线、齿顶线、剖切符号等
细虚线		不可见轮廓线、不可见过渡线
细点画线		轴线、对称中心线、轨迹线、分度圆及分度线、孔系分布的中心线、剖切线
细双点画线		相邻辅助零件的轮廓线，极限位置的轮廓线，假想投影轮廓线

2．线宽

机械图样中的图线按宽度分粗线和细线两种，粗线和细线的宽度比率为 2∶1。同一图样中图线宽度和图线组别的对应关系如表 2-5 所列。

表 2-5　图线宽度和图线组别的对应关系

线 型 组 别	线宽						
粗实线、粗点划线	0.25	0.35	0.5	0.7	1	1.4	2
细实线、波浪线、双折线、虚线、细点画线、细双点画线	0.13	0.18	0.25	0.35	0.5	0.7	1

3．图线颜色与图层管理

屏幕上的图线一般应按表 2-6 中提供的颜色显示，相同类型的图线应尽量采用同样的颜色。

表 2-6　机械制图的常用线型、图例、图层管理及屏幕上的图线颜色

线 型 描 述	层号	颜色
粗实线	01	白色
细实线、波浪线、双折线	02	绿色
细点画线	03	红色
细虚线	04	黄色
文字、尺寸、尺寸线、尺寸界线、投影连线	05	青色
剖面符号	06	蓝色
细双点画线	07	粉红色

4．图线的画法

GB/T 14665—1998《机械工程 CAD 制图规则》中的规定：

（1）同一图样中，同类图线的宽度保持一致，虚线的短画的长度及间隔应各自大小相等。点画线及双点画线的中长画长度及间隔应各自大致相等。

（2）细点画线与细虚线相交或它们与其他图线相交时，应在画或长画处相交，尽可能不在点或间隔处相交，如图 2-5 所示。

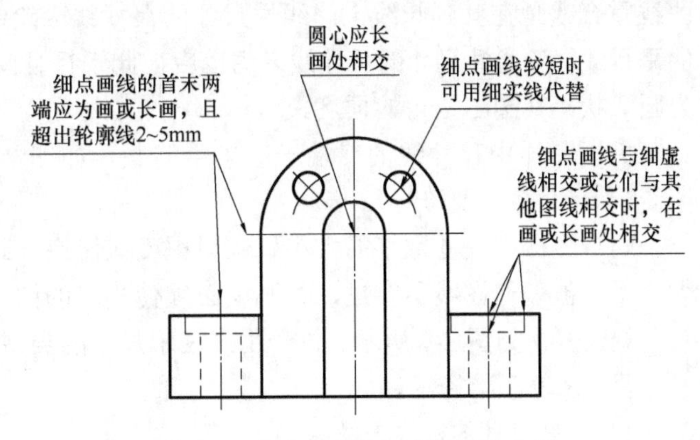

图 2-5　细点画线与细虚线画法示例

（3）绘制圆的对称中心线时，细点画线的首末两端应为画或长画，且超出轮廓线 2mm～5mm。在较小的图形上绘制细点画线或细双点画线有困难时，可用细实线代替。

（4）当几种图线重合时，应按粗实线、细虚线和细点画线的优先顺序只画一种。

2.6　尺寸注法

CAD 工程图中的尺寸数字、尺寸线和尺寸界线应按 GB/T 4458.4—2003《机械制图　尺寸注法》的有关标准的要求进行绘制。下面相关机械图样的尺寸注法摘自 GB/T 4458.4—2003《机械制图　尺寸注法》。

1．基本规则

（1）机件的真实大小应以图样上所注的尺寸数值为依据，与所画图形的大小及绘图的准确度无关。

（2）图样中的尺寸以毫米为单位时，不需标注计量单位的代号或名称；如采用其他单位，则应注明相应的计量单位的代号或名称。

（3）图样中所注尺寸应为该图样所示机件的最后完工尺寸，否则应另加说明。

（4）机件的每一尺寸，一般只标注一次，并应标注在最能反映其结构特征的图形上。

2．尺寸标注的基本要素

一个完整的尺寸应由尺寸界线、尺寸线及终端和尺寸数字及符号 3 个基本要素组成，如图 2-6 所示。

1）尺寸界线

尺寸界线表示所注尺寸的范围，一般用细实线绘制，并应由图形的轮廓线、轴线或对称线处引出，也可直接利用这些线作为尺寸界线，如图 2-6 所示。尺寸界线应超出尺寸线终端约 2～3mm。

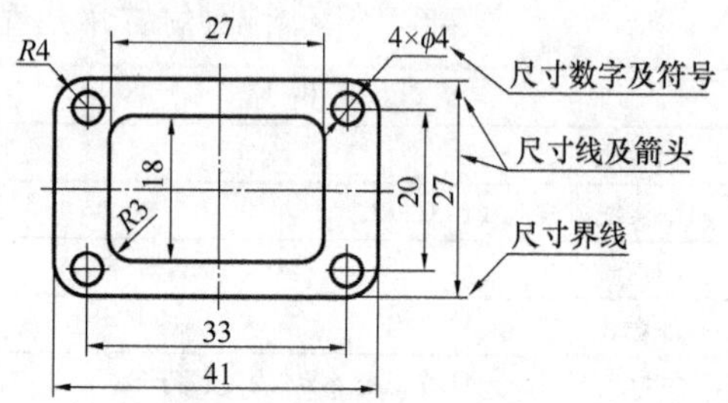

图 2-6　尺寸标注的基本要素

2）尺寸线及终端

尺寸线表示度量尺寸的方向，必须用细实线单独绘出，不能用其他图线代替，一般也不得与其他图线重合或画在其延长线上。线性尺寸的尺寸线应绘制成与所标注线段间隔大于等于 5mm 的平行线。各线性尺寸的尺寸线之间也应彼此平行且间隔不小于 5mm。标注角度时，尺寸线为圆弧状，其圆心是角的顶点。

机械图样中尺寸线的终端一般采用箭头，如图 2-6 所示。

3）尺寸数字及符号

同一图样中尺寸数字的大小、倾斜程度应保持一致，尺寸数字不能被任何图线所穿过，否则就必须使相应的图线在尺寸数字处断开，如图 2-7 所示。符号用来表示尺寸的类型，如ϕ表示直径，R 表示半径等。

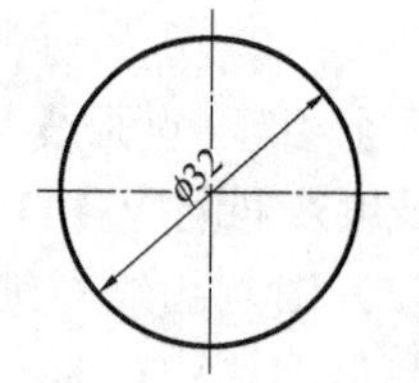

图 2-7　图线在尺寸数字处断开

3．常见尺寸的标注方法

1）线性尺寸注法

标注线性尺寸，如图 2-8（a）所示。线性尺寸数字一般写在尺寸线的上方或左侧，水平尺寸字头向上，竖直尺寸字头向左，倾斜尺寸数字随尺寸线倾斜，字头要有向上的趋势。不过尽可能避免在图示 30° 范围注写尺寸，实在无法避免时可按图 2-8（b）的形式标注。

2）角度的注法

角度尺寸的角度数字一律水平书写在尺寸线的上方或外侧，也可以注写在尺寸线的中断处，必要时也可引出标注，如图 2-9 所示。

3）圆、圆弧及球面尺寸的注法

圆、圆弧及球面尺寸的尺寸数字前加注相应的符号，即直径数字前符号为“ϕ”，半径数字前符号为“R”。一般情况下，大于半圆的圆弧或圆标注直径，小于或等于半圆的圆弧标注

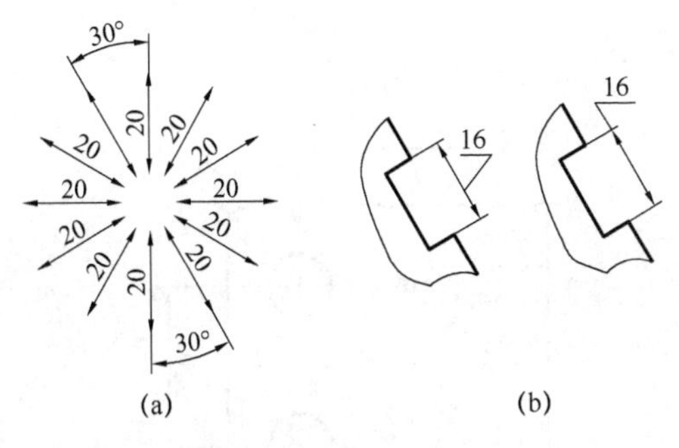

图 2-8　线性尺寸的注法

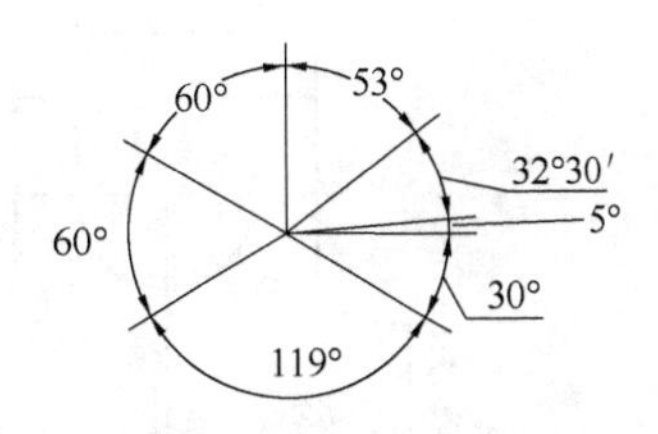

图 2-9　角度的注法

半径。大于半圆的圆弧标注直径时，可只在尺寸线的一端画出箭头，另一端超过圆心即可，如图 2-10 所示。当圆弧半径过大，在图纸范围内无法标出其圆心时，按图 2-11 所示标注。标注圆球的半径或直径则用符号“*SR*”与“*Sϕ*”，如图 2-12 所示。

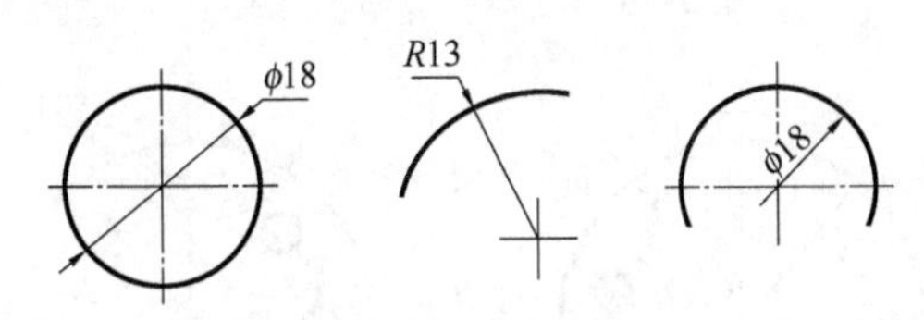

图 2-10　圆、圆弧尺寸的注法

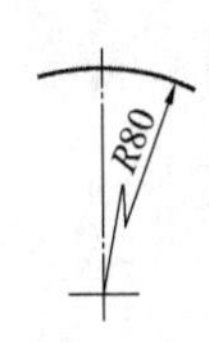

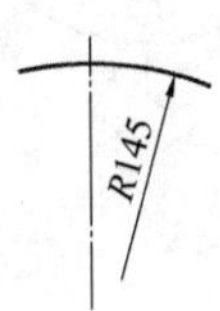

图 2-11　大半径圆弧尺寸的注法

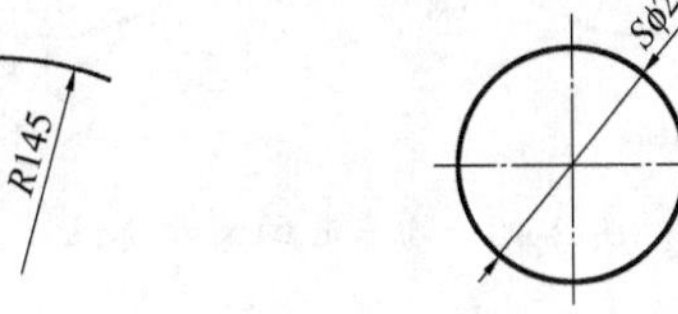

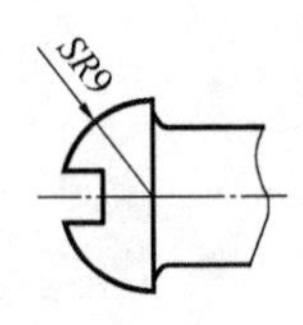

图 2-12　球的直径与半径的注法

4）小尺寸的注法

给较小的图形标注尺寸时，尺寸线没有足够的长度画出箭头，注写尺寸数字也存在困难，这时可按图 2-13 所示的形式标注。

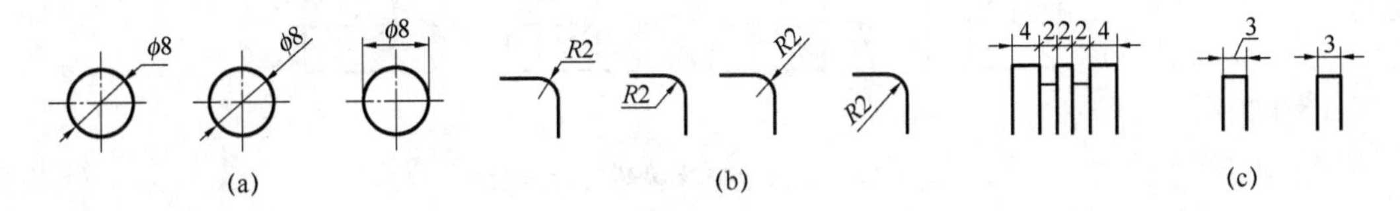

图 2-13　小尺寸的注法

5）对称图形的尺寸注法

对称结构在对称方向上的尺寸要对称标注，如图 2-14（a）中的尺寸 30、18、24、48；分布在对称中心线两边的相同结构，仅标注其中一边的结构即可，如图 2-14（a）中的尺寸 *R*6 和 *R*3；当对称图形只画出 ½ 或略大于 ½ 时，对称方向尺寸的尺寸线从尺寸界线起绘至略超过对称中心线，且仅在尺寸线与尺寸界线的相交端画箭头，如图 2-14（b）所示。

6）均布孔的尺寸注法

均匀分布的孔，可用指引线引出来标注其个数和直径，并在基准线下加注“均布”的缩写词“EQS”，如图 2-15（a）所示；如果均匀分布的孔中，有些孔的圆心位于分布圆的对称中心线上，则省略“EQS”，如图 2-15（b）所示。

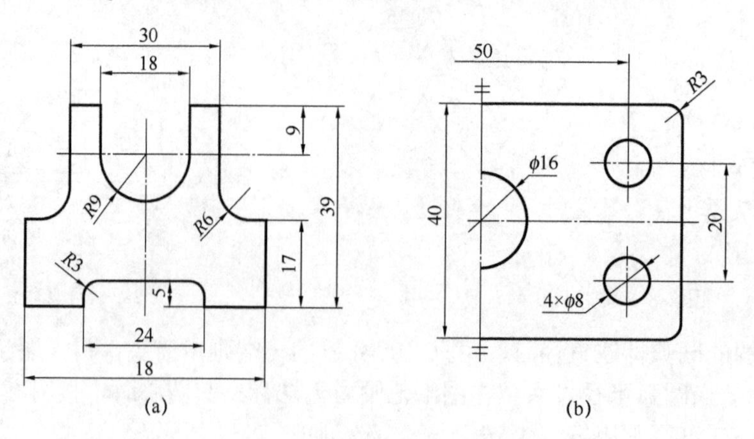

图 2-14　对称图形的尺寸标注

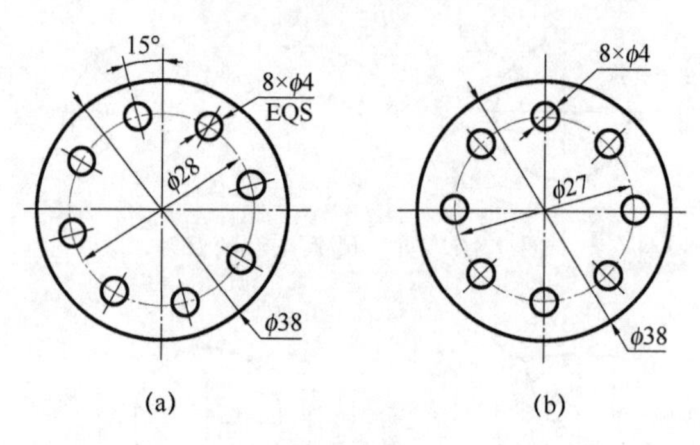

图 2-15　均布孔的尺寸标注

7）正方形结构的尺寸注法

标注正方形结构的尺寸时，可在正方形边长尺寸数字前加注符号“□”或用“*B*×*B*”注出，此处 *B* 表示正方形边长，如图 2-16 所示。

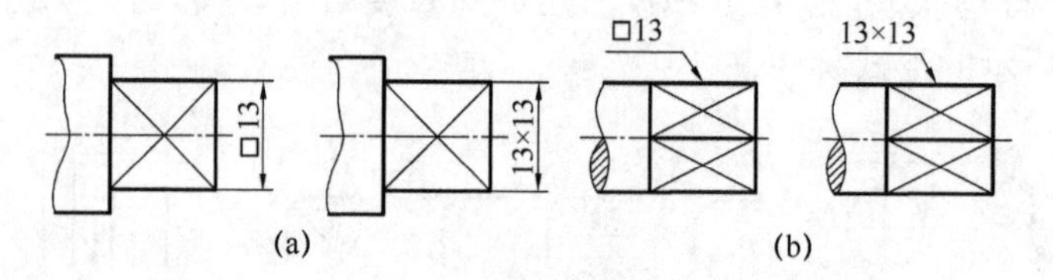

图 2-16　正方形结构的尺寸标注

8）板状机件的尺寸注法

标注板状机件时，可在尺寸数字前加注符号“*t*”，表示均匀厚度板，而不必另画视图表示厚度，如图 2-17 所示。

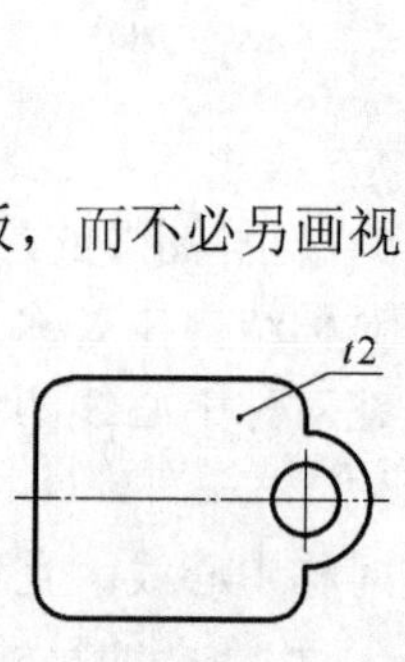

9）组合半圆的尺寸注法

标注组合半圆的尺寸时，当需要说明半径尺寸是由其他尺寸所确定时，只用尺寸线和符号 *R* 标出，不注写尺寸数字。如图 2-18 所示，圆弧半径值是图形宽度 12 的 $\frac{1}{2}$，但不在图中注写出来。

图 2-17　板状机件的尺寸注法

4．尺寸标注中的常用符号和缩写词

标注尺寸时，应尽可能使用符号和缩写词，常用符号和缩写词如表 2-7 所列。

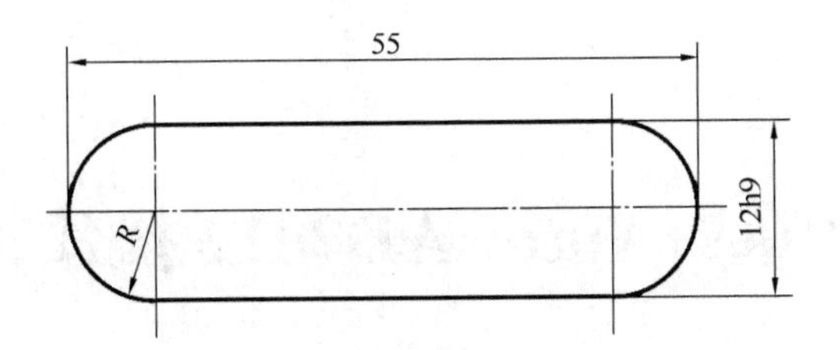

图 2-18　组合半圆的尺寸注法

表 2-7　常用符号和缩写词

名称	正方形	深度	沉孔或锪平	埋头孔	45°倒角	均布	弧长
符号或缩写词	□	↧	⌴	⌵	C	EQS	⌒
符号画法	h h	h $0.6h$ 60°	h $2h$	90° h			

习　题

2-1　国家标准 GB/T 14689—2008《技术制图》中规定了几个规格的图纸幅面，写出这些幅面代号。

2-2　国家标准 GB/T 14689—2008《技术制图》中规定了哪几种图框格式？

2-3　在图纸上图框线用什么线型绘制？

2-4　图纸上的标题栏应绘制在图纸的哪个位置？

2-5　什么是绘图比例？

2-6　利用 CAD 绘制工程图时所用汉字应采用什么字体。

2-7　机械图样中的图线按宽度分有几种，请举出代表线型。

2-8　指出机械制图的常用线型，粗实线、细实线、细点画线、虚线在屏幕上的图线颜色。

2-9　写出《机械工程 CAD 制图规则》GB/T 14665—1998 中对图线画法的规定。

2-10　写出组成一个完整尺寸的基本要素。

第3章　AutoCAD2012 操作基础

目前，常用的计算机绘图软件很多，其中 Auto Desk 公司推出的绘图软件 AutoCAD 界面规范，功能齐全，操作简便，在工程制图方面的应用广泛，适宜于计算机绘图教学使用。AutoCAD2012 是 Auto Desk 公司的新版本，它可以实现向下兼容，拥有很好的整合性。本教程主要介绍 AutoCAD2012 在工程制图中的应用。

3.1　AutoCAD2012 的工作界面

运行 AutoCAD2012 软件，进入了如图 3-1 所示的 AutoCAD2012 工作界面。

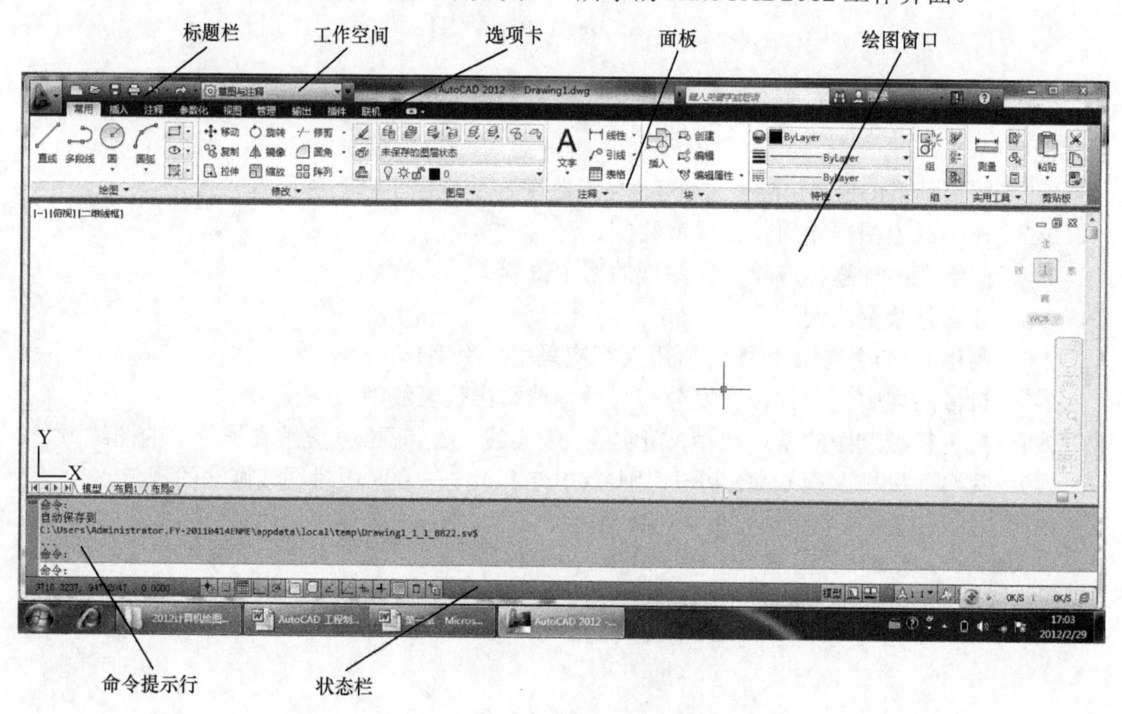

图 3-1　AutoCAD2012 的工作界面

1．标题栏

标题栏位于工作界面的最上方，用来显示 AutoCAD2012 的软件图标以及当前图形文件的名字。当用户第一次启动 AutoCAD2012 时，标题栏将显示 AutoCAD2012 启动时创建并打开的图形文件 Drawing1.dwg，如图 3-1 所示。标题栏上有搜索窗口、通信中心等按钮，可以快速搜索用户输入的指令，并给出相关提示，供用户选择使用。标题栏还包含工作空间选项板，以显示当前工作空间。

2．选项板

在标题栏下方，有 9 个小型选项板，每个选项板打开后就会出现一些命令名和命令组名的图标选项卡，通过选择相应的选项卡，可以激活 AutoCAD2012 软件的命令或者弹出相应的对话框，如图 3-2 所示为绘制和修改图形的选项板。

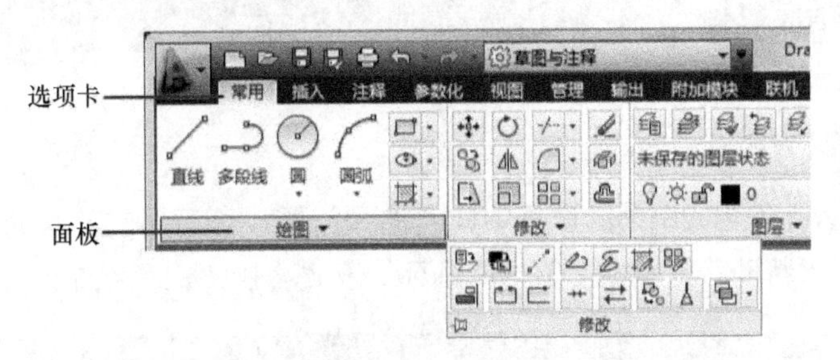

图 3-2　绘制或修改图形的选项卡

3．绘图窗口

工作界面中最大的区域就是绘图窗口，是用户用于绘图的区域。绘图区域内的十字光标表示当前鼠标位置。绘图窗口的背景颜色可以修改，默认状态下背景颜色为黑色。

修改绘图窗口颜色的步骤：在 AutoCAD2012 经典模式下，选择“工具”下拉菜单中的“选项”选项，弹出“选项”对话框，如图 3-3 所示。打开“显示”选项卡，单击“窗口元素”区域中的“颜色”按钮，弹出“图形窗口颜色”对话框。单击“颜色”右侧下拉菜单，在打开的下拉列表中选择需要的窗口颜色，单击“应用并关闭”按钮即可，如图 3-4 所示。

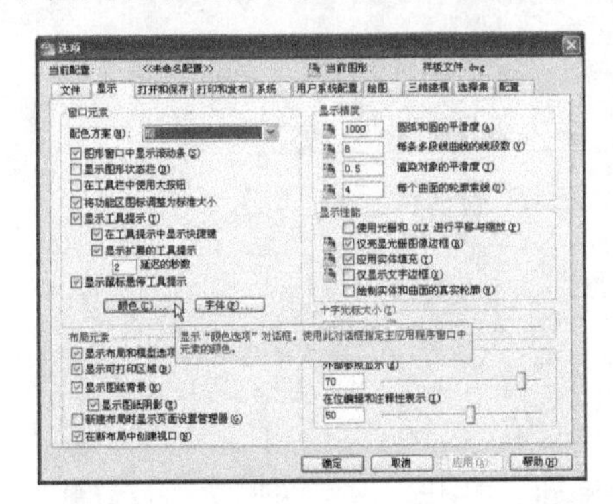

图 3-3　“选项”对话框

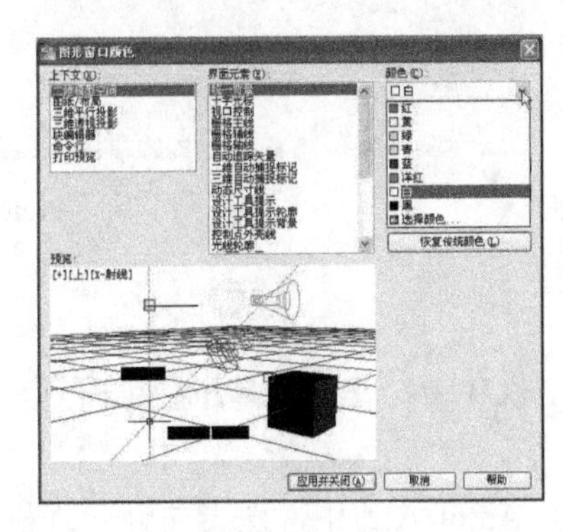

图 3-4　“图形窗口颜色”对话框

4．命令提示窗口

命令提示窗口是一个输入命令和反馈命令参数提示的区域，位于绘图区下方。用户通过菜单和工具栏执行的命令将在命令行中显示。同时命令行也显示命令的执行过程。命令行可以浮动，也可以通过按 Ctrl+9 键显示或隐藏命令窗口。

5．状态栏

状态栏位于命令行下方，用来反映操作状态。状态栏左侧的数字显示当前光标所在位置的三维坐标值，右侧为“推断约束”、“捕捉模式”等 14 个功能开关按钮，用于辅助绘图，如图 3-5 所示。

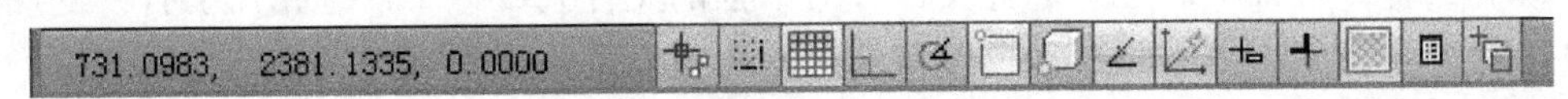

图 3-5　状态栏

6．状态托盘

状态托盘包括一些常见的显示工具和注释工具按钮，包括模型空间与布局空间转化，工作空间转换，注释比例按钮等。图 3-6 所示为状态托盘。

图 3-6　状态托盘

7．帮助系统

在学习和使用 AutoCAD2012 的过程中，若遇到问题，可运用它的帮助系统快速地了解解决这些问题的方法，“帮助”对话框如图 3-7 所示，按键盘上“F1”按钮即可进入帮助对话框。

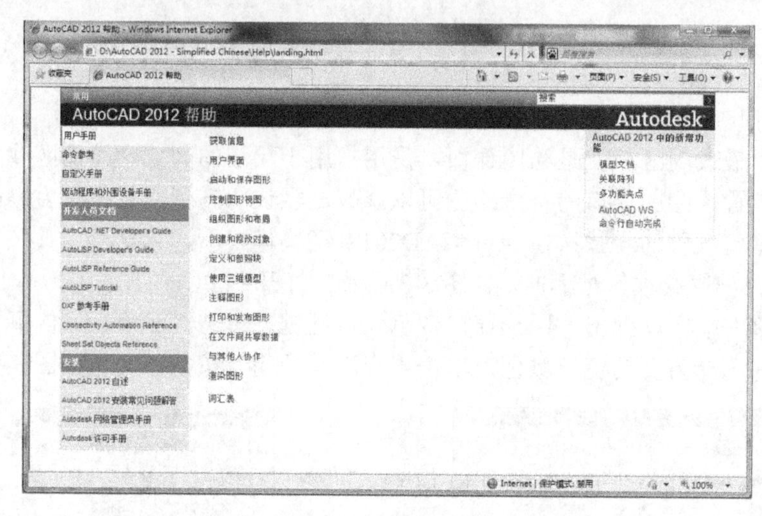

图 3-7　AutoCAD2012 的“帮助”对话框

3.2　AutoCAD 图形文件管理

在 AutoCAD 中，图形文件管理操作命令包括新建、打开、保存图形文件及修复图形文件等。

1．新建图形文件

单击“标题栏”上的“新建”按钮；或在命令行输入命令 New 后回车，AutoCAD 将打开如图 3-8 所示的“选择样板”对话框。在“选择样板”对话框中，用户可以在样板列表框中选中某一个样板文件，这时在右侧的“预览”框中将显示该样板的预览图像，单击“打开”按钮，则选中的样板文件将作为新建的图形文件。样板文件格式的后缀为“*.dwt”。

2．打开已有的图形文件

单击“标题栏”上的“打开”按钮，或在命令行输入命令 Open，将打开如图 3-9 所示的“选择文件”对话框。在“选择文件”对话框的文件列表框中，选择需要打开的图形文件，在右侧的“预览”框中将显示该图形的预览图像。单击“打开”按钮，可以将选中的文件打开作为当前文件。

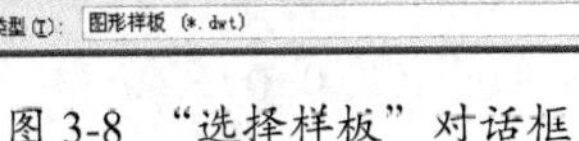

图 3-8 “选择样板”对话框

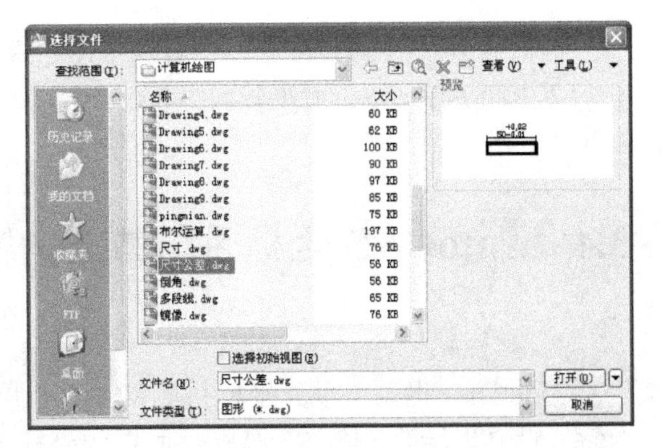

图 3-9 “选择文件”对话框

3．保存图形文件

单击“标题栏”上的“存盘”按钮，或在命令行输入命令 Qsave，选择路径并输入文件名，确认后进行保存。AutoCAD 默认保存文件格式的后缀为“*.dwg”。

4．图形修复

命令行输入命令 DARWING GRECOVERY，或“文件”下拉菜单中执行“绘图实用程序”，选择“图形修复管理器”。

3.3 命令的输入与终止

在 AutoCAD 中，最基本的操作是命令的输入与终止。命令又分为透明命令和非透明命令。所谓透明命令是指在执行其他命令的过程中可以随时插入的一类命令。当透明命令结束后，系统可继续执行原来的命令，例如“缩放”命令、“帮助”命令就为透明命令。所谓非透明命令就是在执行其他命令的过程中，如果要执行该命令就必须中断正在执行的命令，例如“绘图”命令、“修改”命令。

1．输入命令

AutoCAD 输入命令的途径：命令行输入、选项卡输入、快捷键输入和快捷菜单输入等多种形式。

2．结束命令

AutoCAD 的大多数命令操作时可以连续使用，结束该命令则按 Enter 键。

3．终止命令

在执行某命令的过程中，可以随时按下键盘左前角的 Esc 键，终止该命令的执行。

4．命令的重复

当一个命令结束后，按 Enter 键可重复调用这个命令，无论该命令是完成还是被取消。

5．对已操作命令的放弃和恢复

（1）放弃（U）选项。在执行命令的过程中，AutoCAD 的命令提示行内会出现“放弃（U）”选项，如果通过键盘输入“U”并回车，就可放弃刚刚完成的选项操作。当刚执行完一条命令后，发现为误操作，则可以在命令窗口中“命令：”提示下输入“U”并回车，则放弃刚执行完的命令操作。如果连续输入“U”并回车，则可以一直放弃到本次图形绘制或编辑的起始状态。

（2）恢复（Redo）命令。当对一个命令进行放弃后，又想恢复，则紧接着刚才的放弃操作输入 Redo 命令，完成恢复。

3.4 AutoCAD 坐标系与数据的输入

1．坐标系

AutoCAD 提供了世界坐标系（WCS）和用户坐标系（UCS）两种坐标系。世界坐标系（WCS）是默认固定的坐标系，其坐标系原点（0, 0, 0）位于绘图区域左下角，如图 3-10 所示。用户坐标系（UCS）是用户创建的可移动的坐标系。默认状态下，世界坐标系和用户坐标系重合。

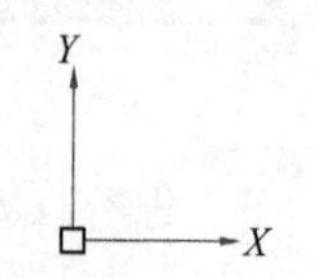

图 3-10　坐标系图标

2．点坐标的输入

点的位置由点的坐标确定，而点坐标的输入有下列 3 种方法。

（1）键盘输入。用键盘输入坐标值时，表示点坐标的方式有 4 种：绝对笛卡儿坐标、绝对极坐标、相对笛卡儿坐标和相对极坐标。

绝对坐标是指相对于当前坐标系原点的坐标。以绝对坐标的形式输入点时，可以采用笛卡儿坐标或极坐标。绝对笛卡儿坐标是从点（0, 0）或点（0, 0, 0）出发的位移，表示点的（x, y）或（x, y, z）坐标值。当使用键盘输入点的绝对笛卡儿坐标值时，形式是 x，y。绝对极坐标也是从点（0，0）或点（0，0，0）出发的位移，但它给定的是距离 L 和角度 θ，且规定“角度”方向以逆时针为正。当使用键盘输入点的绝对极坐标值时，形式是 $L\angle\theta$。

相对笛卡儿坐标是指相对于某一点的 X 和 Y 方向的位移，相对极坐标则是指相对于某一点的距离和角度位移。当使用键盘键入点的相对笛卡儿坐标值时，形式是@ x，y；当使用键盘输入点的相对极坐标值时，形式是@$L\angle\theta$。

（2）鼠标在绘图区内拾取。

（3）利用捕捉方式捕捉特征点（如端点、中点、圆心、切点等）或栅格点。

3.5 AutoCAD 图形显示控制

计算机屏幕的大小有限，不可能同时清晰而完整地显示所绘图形。运用显示控制命令可以使图形在屏幕显示时“平移（Pan）”和“缩放（Zoom）”，满足用户观察图形时的各种需求。“缩放”命令是放大或缩小对象的显示，“平移”命令只是移动图形。显示控制命令的图标在“视图”选项卡中“二维导航”面板内。如图 3-11 所示。“缩放”命令在“范围”下拉菜单中。显示控制命令只改变图形在屏幕上的视觉效果，不改变图形的实际大小和位移。

（1）缩放。输入“缩放”命令的方法：单击“范围”下拉菜单内有关缩放的各个按钮，或推动鼠标器上的滚轮也能实现实时缩放。

（2）平移。单击“二维导航”面板内“实时平移”按钮后就可由鼠标拖动图形实时平移。

图 3-11　二维导航面板

3.6 设置绘图环境及绘图界限

在用户使用 AutoCAD 绘图之前，首先要对绘图界限和采用的单位进行设置。

1．设置绘图界限

在模型空间设置一个矩形绘图区域，称为图形界限，即图幅。

设置绘图界限的方法：在命令行中输入 Limits 命令，或将工作空间转换为 AutoCAD 经典界面，执行下拉菜单“格式”/“图形界限”命令，命令行提示如下：

命令：LIMITS；

指定左下角点或[开（ON）/关（OFF）]<0.0000,0.0000>：（输入左下角点坐标值，一般取 0，0 即可）；

指定右上角点<420.0000,297.0000>：（根据图幅的长度和宽度输入右上角点坐标值）。

2．设置绘图单位和精度

在命令行输入 Units，或将工作空间转换为 AutoCAD 经典界面，执行下拉菜单“格式”/“单位”命令，弹出如图 3-12 所示“图形单位”对话框。在“长度”区内选择单位类型和精度，工程制图中一般使用“小数”和“0.0”。在“角度”区内选择角度类型和精度，工程制图中一般使用“十进制度数”和“0”。“用于缩放插入内容的单位”中选用“毫米”。AutoCAD 默认的角度测量方向为逆时针方向。

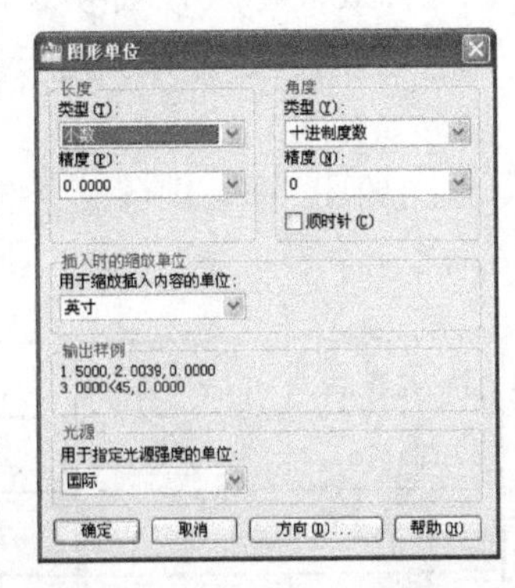

图 3-12 “图形单位”对话框

习　题

3-1　默认状态下重复执行上一个命令的最快方法是什么？

3-2　如何终止一个命令的执行？

3-3　功能键 F1 可以实现什么操作？

3-4　AutoCAD 的默认保存图形文件格式的后缀名是什么？

3-5　默认的 AutoCAD 测量角度方向是顺时针还是逆时针？

3-6　AutoCAD 的样板图形文件格式的后缀名是什么？

3-7　“绝对坐标就是笛卡儿坐标，相对坐标就是极坐标”这样的说法对吗？

3-8　哪种坐标输入法需要用@符号？

3-9　为了显示和观察整个图形界限中的图形，在输入 Zoom 命令后，再输入什么命令选项？

第 4 章　AutoCAD2012 常用绘图命令

4.1　常用绘图命令概述

AutoCAD2012 提供了许多“绘图”命令，熟练地掌握它们的使用方法和技巧，有利于快速、准确地绘制各种图形和图样。“绘图”面板如图 4-1 所示。

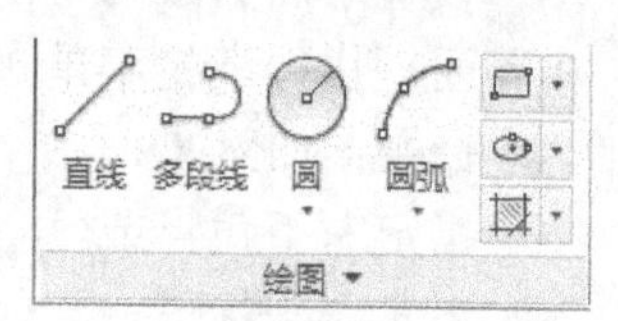

图 4-1　“绘图”面板

“绘图”面板中各命令选项卡按钮对应的命令说明如表 4-1 所列。

表 4-1　“绘图”命令说明

名称	工具图标	命令	快捷键	名称	工具图标	命令	快捷键
直线		Line	L	样条曲线		Spline	Spl
构造线		XLine	XL	椭圆		Ellipse	El
多段线		PLine	PL	椭圆弧		Ellipse	El
正多边形		Polygon	Pol	点		Point	Po
矩形		Rectang	Rec	图案填充		Bhatch	Bh，h
圆弧		Arc	A	渐变色填充		Bhatch	Bh，h
圆		Circle	C	面域		Region	Reg
修订云线		Revcloud					

4.2　常用绘图命令的使用

“绘图”命令的使用可以直接单击需要的图标菜单或直接在命令行输入快捷键，按命令行提示操作即可。

1．直线

Line 命令用于绘制直线。

执行“直线”命令的过程如下：

命令：_Line 指定第一点：（输入起点）；

指定下一点或［放弃（U）]：（指定直线端点）；

指定下一点或［闭合（C）/放弃（U）]：（如继续绘制则输入下一端点，也可输入 C 画成封闭多边形，按 Enter 键结束画线）。

例 4-1 用直线命令绘制如图 4-2 所示的平面图形。

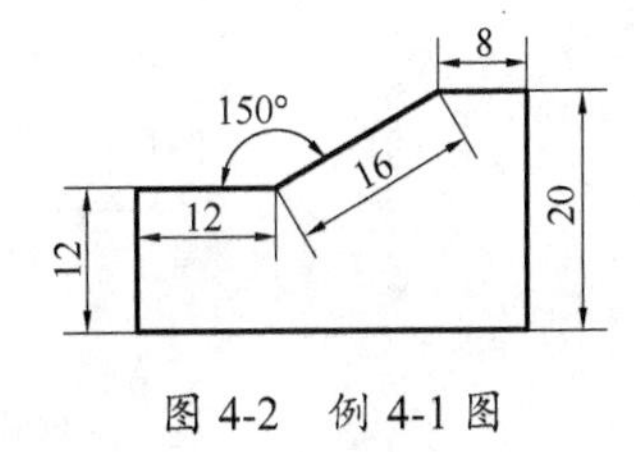

图 4-2 例 4-1 图

命令：Line 指定第一点：0，0；

指定下一点或［放弃（U）］：@0，12；

指定下一点或［放弃（U）］：@12，0；

指定下一点或［闭合（C）/放弃（U）］：@16<30；

指定下一点或［闭合（C）/放弃（U）］：@8，0；

指定下一点或［闭合（C）/放弃（U）］：@0，−20；

指定下一点或［闭合（C）/放弃（U）］：c（回车）。

2．构造线

Xline 命令用于绘制构造线。构造线为两侧无限延伸的直线，常用来做辅助线或角平分线。

执行“构造线”命令的过程如下：

命令：XL

Xline 指定点或［水平（H）/垂直（V）/角度（A）/二等分（B）/偏移（O）］：(输入线上一点)；

指定通过点：(输入线上另外一点)；

指定通过点：(回车)；

完成操作。

3．正多边形

Polygon 命令用来绘制各种边数的正多边形。执行该命令时，有指定中心点绘制正多边形和指定边长绘制正多边形两种方式。

以绘制图 4-3（a）所示的正六边形为例说明执行“正多边形”命令的过程：

命令：Polygon 输入边的数目<4>：6；

指定正多边形的中心点或［边（E）］：(输入中心点)；

输入选项［外切于圆（C）］<I>：(输入 c 用外切于圆的形式画图，或输入 i 用内接于圆的形式画图)；

指定圆的半径：(输入圆的半径，结束绘图)。

图 4-3（b）所示为指定圆的半径并用内接于圆的形式画出的正六边形，图 4-3（c）所示为指定圆的半径并用外切于圆的形式画出的正六边形。也可用如图 4-3（d）所示方法，通过指定一条边来画出正多边形。

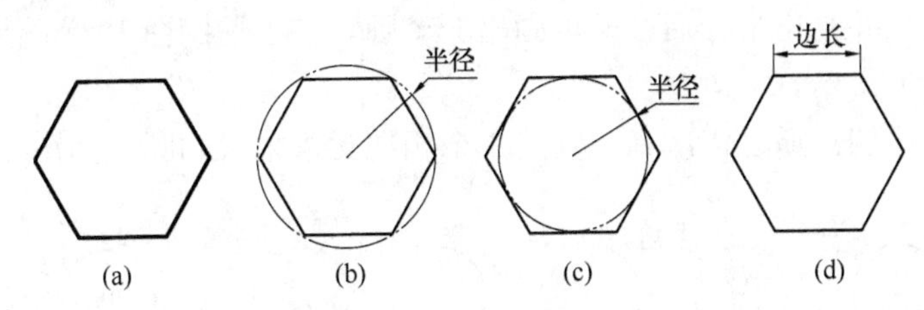

图 4-3 使用“多边形”命令绘制的正六边形

4．矩形

Rectang 命令可以根据系统提示选择不同的选项绘制带有倒角、圆角或带有可控制线宽的矩形，如图 4-4 所示。

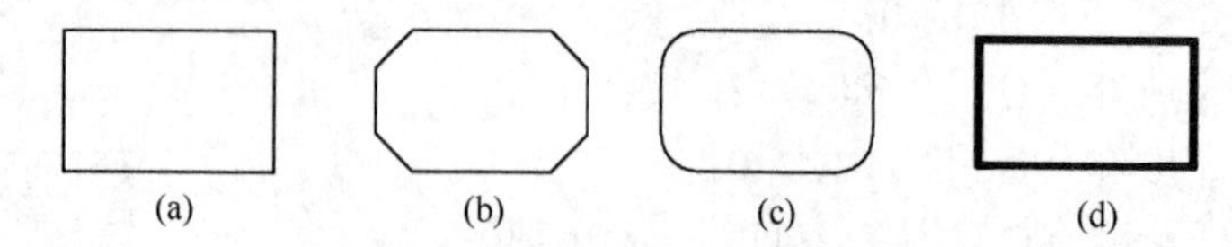

图 4-4　使用“矩形”命令绘制图形

（a）普通矩形；（b）带倒角的矩形；（c）带圆角的矩形；（d）设置线宽的矩形。

执行“矩形”命令时，命令提示行如下：

命令：_Rectang

指定第一个角点或［倒角（C）/标高（E）/圆角（F）/厚度（T）/宽度（W）］：（输入第一个角点或选择其他所列选项）；

指定另一个角点或［面积（A）/尺寸（D）/旋转（R）］：（输入矩形的对角点或选择使用面积等其他选项）。

图 4-4（a）所示为指定矩形的第一角点和另一个角点或面积或尺寸等形式绘制的矩形；图 4-4（b）所示为指定倒角距离后再按图 4-4（a）画矩形的方式绘制出的矩形；图 4-4（c）所示为指定圆角半径后再按图 4-4（a）画矩形的方式绘制出的矩形；图 4-4（d）所示为指定图线宽度后再按图 4-4（a）画矩形的方式绘制出的矩形。

5．圆

Circle 命令用来绘制圆。

AutoCAD 提供了如图 4-5 所示的 6 种画圆方式，可根据具体绘图情况从中选择。

执行画“圆”命令时，命令行显示如下：

命令：_Circle，指定圆的圆心或［三点（3P）/两点（2P）/相切、相切、半径（T）］：（指定圆心或选择其他选项）；

指定圆的半径或［直径（D）］：（输入圆的半径值或选择直径画圆）。

圆心、半径(R)
圆心、直径(D)
两点(2)
三点(3)
相切、相切、半径(T)
相切、相切、相切(A)

图 4-5　绘制“圆”的菜单

以上命令提示中，各选项的意义如下：

两点（2P）：根据两点画圆。依次输入两个点，即可绘制出一个圆，两点间的距离为圆的直径，如图 4-6（c）所示。

三点（3P）：根据三点画圆。依次输入 3 个点，即可绘制出一个圆，如图 4-6（d）所示。

相切、相切、半径（T）：画与两个对象相切，且半径已知的圆。输入 T 后，根据命令行提示，指定相切对象并给出半径后，即可画出一个圆。在工程制图中，常使用该方法绘制连接弧，如图 4-6（e）所示。

相切、相切、相切：通过依次指定圆的 3 个相切对象来绘制圆，如图 4-6（f）所示。

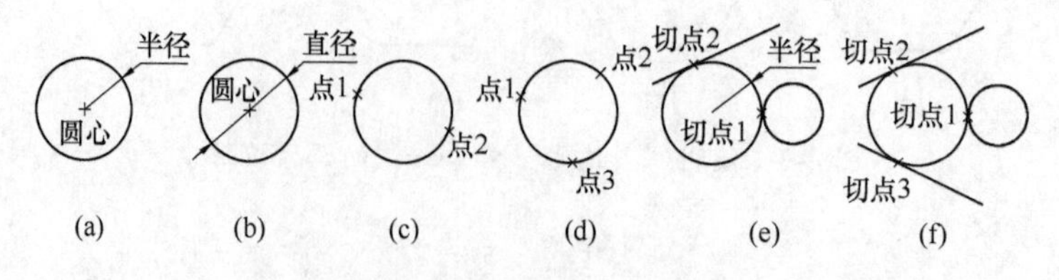

图 4-6　圆的各种绘制方法

6．圆弧

Arc 命令用来绘制圆弧。

AutoCAD 提供了 11 种画“圆弧”的方式，如图 4-7 所示。可根据具体绘图情况从中选择。

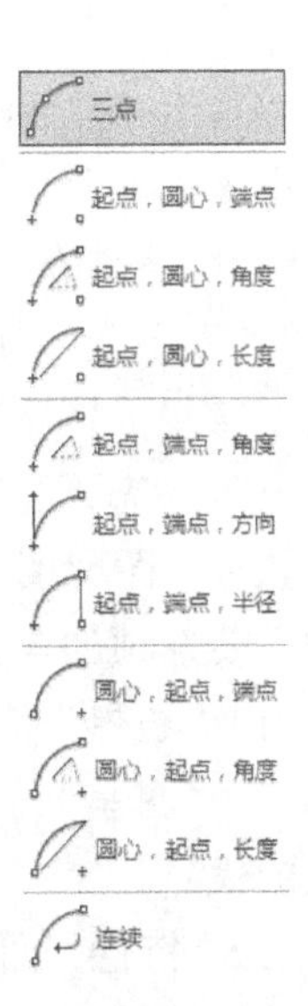

图 4-7 “圆弧”的下拉菜单

7．多段线

Pline 命令用来绘制多段线。

多段线是由许多首尾相连的直线段和圆弧段组合而成的一个独立对象。运用“多段线”命令可以创建包含直线段的多段线、创建具有宽度的多段线、创建直线和圆弧组合的多段线。

例 4-2 试绘制如图 4-8 所示的图形。

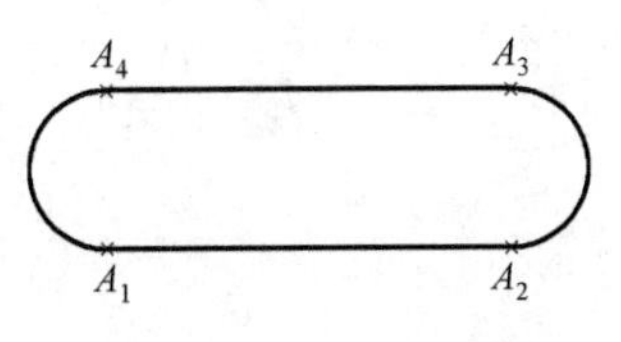

图 4-8 绘制多段线

命令执行过程如下：

命令：_Pline

指定起点：（输入 A_1 点）

当前线宽为 0.0000；

指定下一个点或［圆弧（A）/半宽（H）/长度（L）/放弃（U）/宽度（W）]：（输入 A_2 点）；

指定下一个点或［圆弧（A）/闭合（C）/半宽（H）/长度（L）/放弃（U）/宽度（W）]：a；

指定圆弧的端点或［角度（A）/圆心（CE）/闭合（CL）/方向（D）/半宽（H）/直线（L）/半径（R）/第二个点（S）/放弃（U）/宽度（W）]：（输入 A_3 点）；

指定圆弧的端点或［角度（A）/圆心（CE）/闭合（CL）/方向（D）/半宽（H）/直线（L）/半径（R）/第二个点（S）/放弃（U）/宽度（W）]：l；

指定下一个点或［圆弧（A）/闭合（C）/半宽（H）/长度（L）/放弃（U）/宽度（W）]：（输入 A_4 点）；

指定下一个点或［圆弧（A）/闭合（C）/半宽（H）/长度（L）/放弃（U）/宽度（W）]：a；

指定圆弧的端点或［角度（A）/圆心（CE）/闭合（CL）/方向（D）/半宽（H）/直线（L）/半径（R）/第二个点（S）/放弃（U）/宽度（W）]：（输入 A_1 点）；

指定圆弧的端点或［角度（A）/圆心（CE）/闭合（CL）/方向（D）/半宽（H）/直线（L）/半径（R）/第二个点（S）/放弃（U）/宽度（W）]：回车。

使用 Pedit 命令可以对多段线进行修改编辑。

8．样条曲线

Spline 命令用来绘制样条曲线。

“样条曲线”命令用来绘制一条通过若干给定点的光滑曲线。机械图样中的波浪线通常用“样条曲线”命令绘制。执行“样条曲线”命令的过程如下：

命令：Spline

当前设置：方式=拟合　节点=弦

指令第一个点或[方式（M）/节点（K）/对象（O）]：（输入一点 P1）；

输入下一个点或[起点切向（T）/公差（L）]：（输入一点 P2）；

输入下一个点或[端点相切（T）/公差（L）/放弃（U）/闭合（C）]：（输入一点 P3）；

输入下一点或[端点相切（T）/公差（L）/放弃（U）/闭合（C）]：（输入一点 P4）；

输入下一点或[端点相切（T）/公差（L）/放弃（U）/闭合（C）]：（输入一点 P5，Enter 键）

图 4-9 所示为由 5 个点组成的样条曲线。

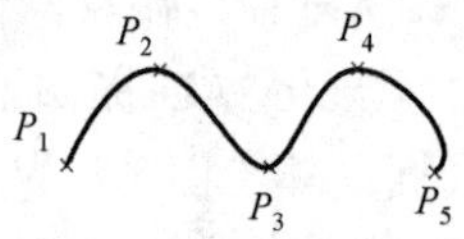

9．图案填充

“图案填充”命令用于在封闭的平面区域中填充图案。绘制机械图样时，常用“图案填充”命令画出剖面区域中的剖面符号。在进行图案填充时，需要通过对话框确定填充图案和填充区域。

图 4-9 绘制样条曲线

执行“图案填充”命令后，系统弹出如图 4-10 所示的“图案填充创建”选项卡。选项卡中主要选项的含义和功能如下：

（1）“边界”面板中的“拾取点”按钮和“选择”按钮：用于选择填充区域。

（2）“图案”下拉列表框：用于显示和选择填充图案的代号，如“ANSI31”是等距 45°斜线的代号。

（3）“特性”面板：用于调整所填充图案的形式、颜色、角度、图案透明度、比例及旋转角度等特性。例如，用户可以根据需要调整比例，放大或缩小填充图案以调整图案中线条之间的疏密程度。

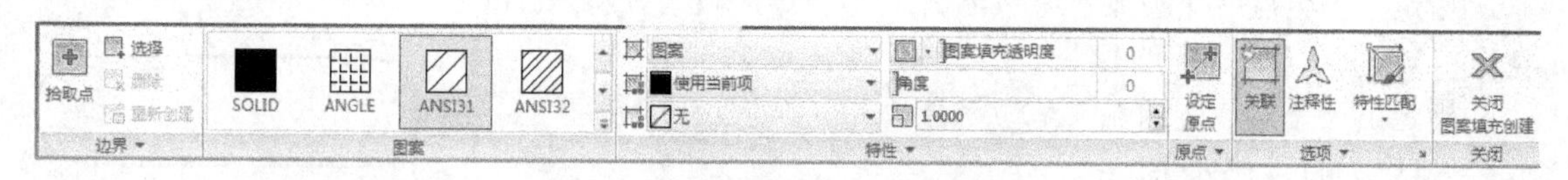

图 4-10 “图案填充创建”选项卡

例 4-3 运用图案填充将图 4-11（a）所示图形填充为图 4-11（b）所示图形。

具体步骤：在“绘图”面板单击图标按钮，弹出“图案填充创建”选项卡，在“图案”面板中选择图案代号为“ANSI31”，角度为 0°，比例为 1，单击“拾取点”按钮后在需填充的封闭区域单击“确定”按钮，回车，则填充结果如图 4-11（b）所示。

10．绘制点

AutoCAD 中包含了 20 种不同的点的表示方式，用户在绘制单点、多点及等分点时应先根据需要进行点样式设置。

1）设置点样式

命令：Ddptype；

菜单：“实用工具”面板中“点样式”。

执行命令后，弹出如图 4-12 所示的“点样式”对话框，用户可根据需要设置所需的点样式及点大小。

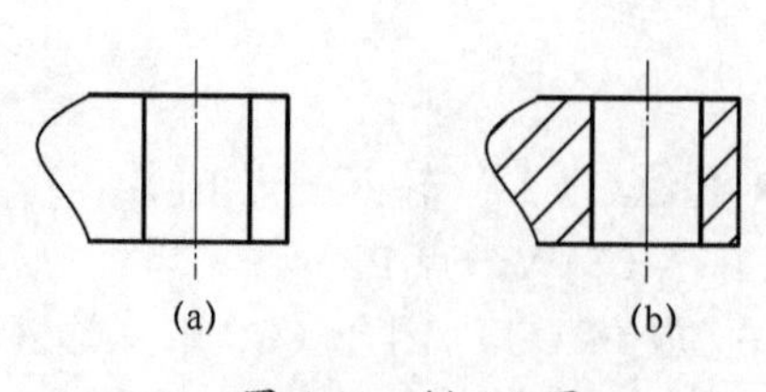

图 4-11 例 4-3 图

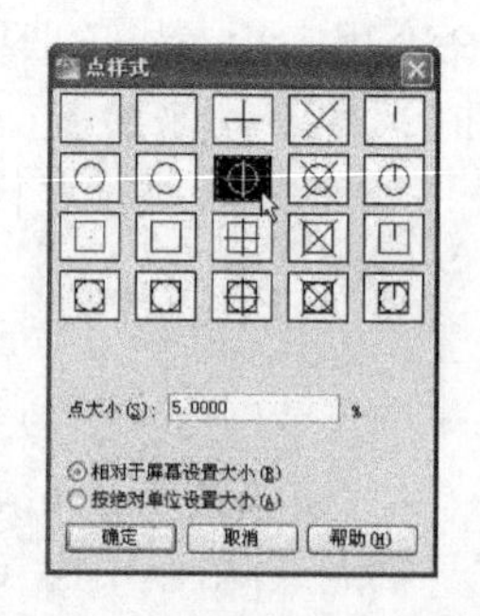

图 4-12 “点样式”对话框

2）绘制点

“点绘制”命令可以绘制单点、多点及等分点。等分点可完成定距等分或定数等分。

（1）绘制单点、多点。

命令：Point；

菜单：绘图/多点。

（2）绘制等分点。

命令：Divide；

菜单：绘图/定距等分/定数等分。

例 4-4 在图 4-13（a）所示直线上绘制定距等分点

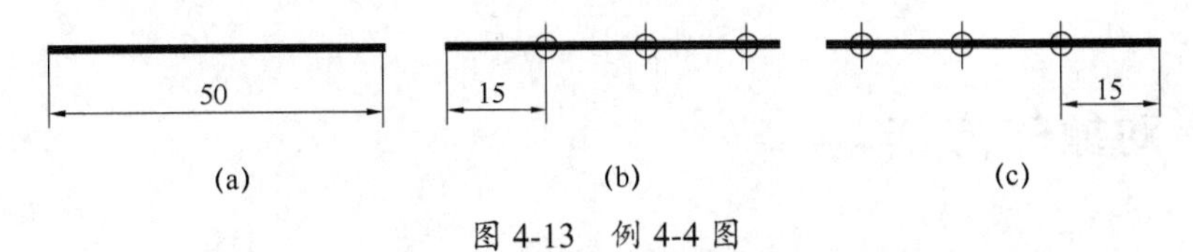

图 4-13 例 4-4 图

（a）长为 50 的直线；（b）选择直线右端等分；（c）选择直线左端等分。

命令：_Line 指定第一点；

指定下一点或［放弃（U)］：50；

指定下一点或［放弃（U)］：*取消*；

命令：_Measure；

选择要定距等分的对象；（单击所绘直线，鼠标选择直线时，单击直线右端。）

指定线段长度或［块（B)］：15。得到如图 4-13（b）所示结果。

注意，在选择对象时，鼠标点取的位置不同，等分的结果会不同。如图 4-13（b）为选择了直线右端进行等分的结果，图 4-13（c）则是选择了直线左端等分的结果。

例 4-5 在图 4-14（a）所示圆上绘制定数等分点

命令：_divide；

选择要定数等分的对象：（单击所绘圆）

输入线段数目或[块（B）]：6，得到图 4-14（b）所示结果。

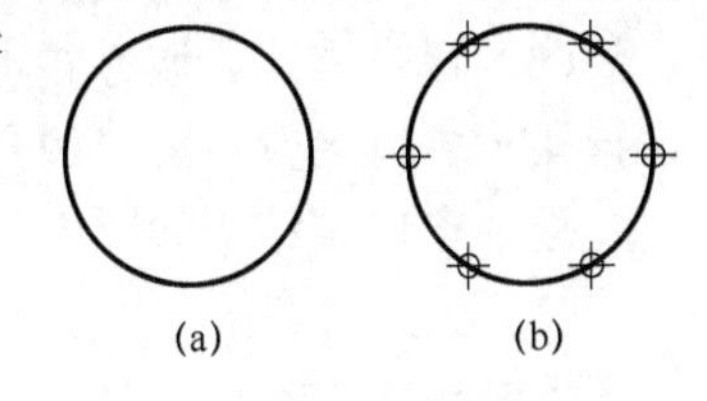

图 4-14 例 4-5 图

（a）原图；（b）6 等分后显示结果。

习 题

4-1 绘制与 3 个对象相切的圆，如何激活命令？可以通过键盘输入实现吗？

4-2 怎样绘制已知圆的内接正多边形？

4-3 可以根据矩形面积绘制矩形吗？可以绘制与 *X* 轴成一定角度的矩形吗？可以绘制带圆角的矩形吗？

4-4 Line，Pline，Spline，Xline 创建的线对象有什么不同？

4-5 一次在不同的区域进行填充，这些填充对象可以是相互独立的吗？

4-6 可以在不封闭的图形中进行图案填充吗？

第 5 章　AutoCAD 常用的修改命令

用“绘图”命令绘制出的图形对象，通常需要作进一步的修改和编辑，这就得通过正确使用“修改”命令来完成。

5.1　选择对象的方法

修改图形对象之前，必须选择将要被修改的图形对象。一般情况下，当执行“修改”命令后命令行会提示：“选择对象：”，同时绘图区域中的光标将变成用来选择图形对象的拾取框光标。

AutoCAD 提供了多种选择对象的方式，常用的方式如下。

（1）点取方式。这是一种默认方式。将拾取框光标移动至被选对象上，单击鼠标左键，对象变为点线且附有夹点，表示已被选中。这种方法适用于选择少量或分散的对象。

（2）窗口方式。该方式是通过指定对角线的两个端点来定义一个矩形窗口，凡完全落在该窗口内的图形对象均被选中，指定两端点的顺序必须自左向右，如图 5-1 所示。

（3）窗交方式。该方式也是通过指定对角线的两个端点来定义一个矩形窗口，凡完全落在该矩形窗口内及与窗口边界相交的图形对象均被选中，但指定两端点的顺序必须自右向左。

选取窗口与结果如图 5-2（a）所示。

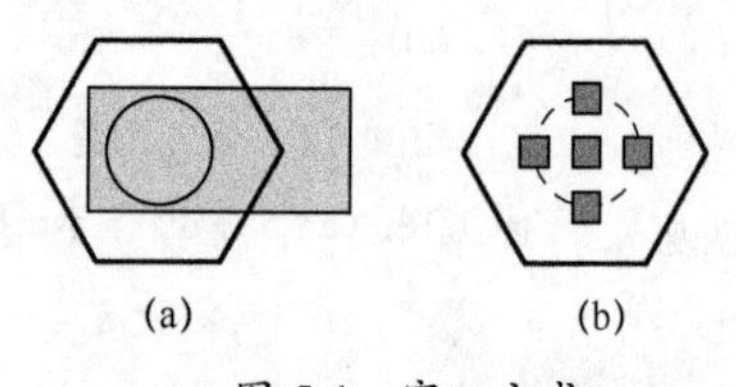

图 5-1　窗口方式

（a）矩形窗口；（b）只有矩形窗口内的圆被选中。

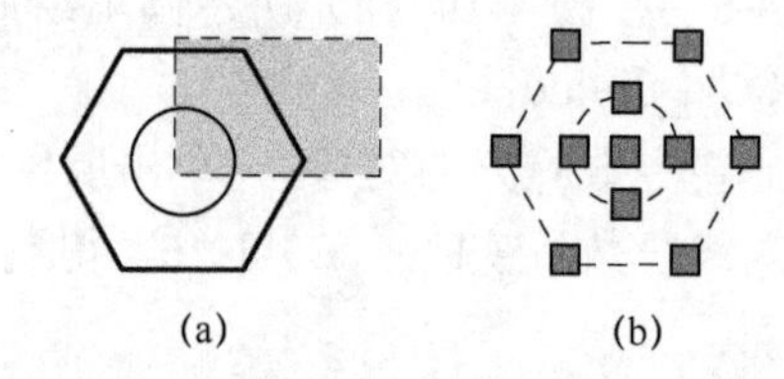

图 5-2　窗交方式

（a）矩形窗口；（b）与矩形窗口相交的六边形和圆被选中。

（4）全部方式。当命令行提示选择对象时，输入 All，选取除冻结层以外的全部图形对象。

5.2　修改命令

图形修改指对图形对象进行移动、旋转、缩放、复制、删除和参数修改等操作的过程。图 5-3 所示的“修改”面板中汇集了各种“修改”命令图标，各图标对应的命令说明如表 5-1 所列。

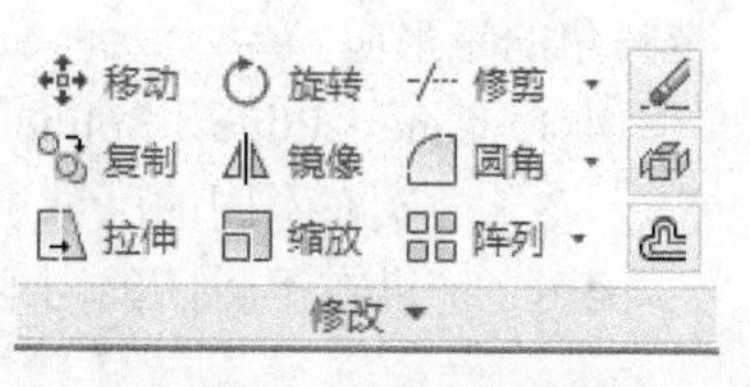

图 5-3　“修改”面板

表 5-1　常用的“修改”命令说明

名称	工具图标	命令	快捷键	名称	工具图标	命令	快捷键
删除		Erase	E	修剪		Trim	TR
复制		Copy	CO、CP	延伸		Extend	EX
镜像		Mirror	MI	打断点		Break	BR
偏移		Offset	O	打断		Break	BR
阵列		Array	AR	合并		Join	J
移动		Move	M	倒角		Chamfer	CHA
旋转		Rotate	RO	圆角		Fillet	F
缩放		Scale	SC	分解		Explode	X
拉伸		Stretch	S				

（1）删除。“删除”命令用于删除图形中已有的图形对象，执行“删除”命令时，用户要选取将被删除的对象，然后单击鼠标右键或按键盘上的 Enter 键，选取的对象即被删除。

（2）复制。“复制”命令用于将指定的图形对象复制到指定位置，可以复制 1 个，也可以复制多个。

命令执行过程如下：在“修改”面板中单击按钮，或在命令行输入 Copy。

命令：Copy

选择对象：（选取要复制的对象）

选择对象：（结束选择，也可继续选取对象）

当前模式：复制模式=多个

指定基点或［位移（D）/模式（O）］<位移>：（输入位移参照基点）；

指定第二个点或［阵列（A）］<使用第一个点作为位移>：（输入位移参照基点将移动到的指定位置或光标指定方向上的位移距离）；

指定第二个点或阵列（A）［退出（E）/放弃（U）］<退出>：（继续复制或结束命令）。

例 5-1　试绘制图 5-4（a）所示的图形。

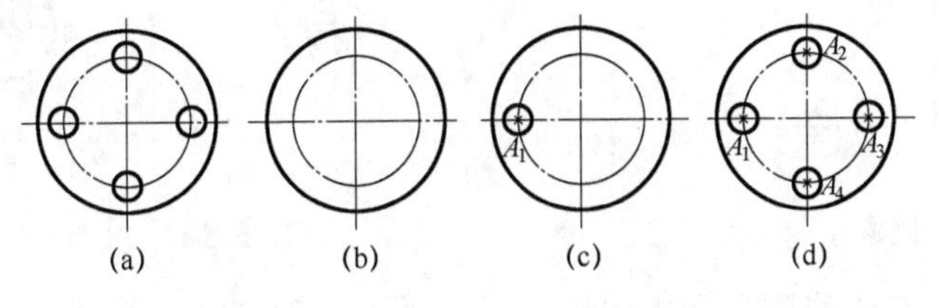

图 5-4　例 5-1 图

画图步骤如下：

① 绘制如图 5-4（b）所示的图形。

② 绘制出以 A_1 点为圆心的小圆，如图 5-4（c）所示。

③ 用复制命令，以 A_1 点为位移参照基点，分别以 A_2、A_3、A_4 为指定位置点分别复制其余 3 个圆，如图 5-4（d）所示，完成全图。

（3）镜像。“镜像”命令用来将指定的对象按给定的直线作对称复制。给定的直线通常称为镜像线，由两点确定。镜像适用于对称图形的绘制。下面以图 5-5 所示图形为例说明“镜像”命令的执行过程。

先画出三角形 *A*，接下来执行“镜像”命令。在“修改”面板中单击 按钮，或在命令行输入 Mirror。

命令：_Mirror

选择对象：（选取三角形 *A*）找到 1 个；

选择对象：（结束选择）；

指定镜像线的第一点：（输入 P_1 点）；

指定镜像线的第二点：（输入 P_2 点）；

要删除源对象吗？［是（Y）/否（N）］<N>：（按 Enter 键）。

结果如图 5-5 所示。

（4）移动。“移动”命令 用于将指定的图形对象移动到指定的位置。执行“移动”命令的基本过程：首先选择要移动的对象，然后指定位移的基点，最后输入指定的位置。例如，将对象从 P_1 点移动到 P_2 点，则命令程序如下：在“修改”面板中单击 按钮，或在命令行输入 Move。

命令：_Move

选择对象：（选取对象）找到 1 个；

选择对象：（结束选择）；

指定基点或［位移（D）］<位移>：（输入 P_1 点）；

指定第二个点或<使用第一个点作为位移>：（输入 P_2 点）。

执行以上命令程序后，对象从 P_1 点移动到 P_2 点。

（5）旋转。“旋转”命令 用于将指定图形对象绕指定点旋转指定的角度。执行“旋转”命令的基本过程：选取要旋转的对象，指定旋转的基点，说明是否复制旋转，最后输入旋转角度值。

例 5-2 试将图 5-6（a）改画成图 5-6（b）所示图形。

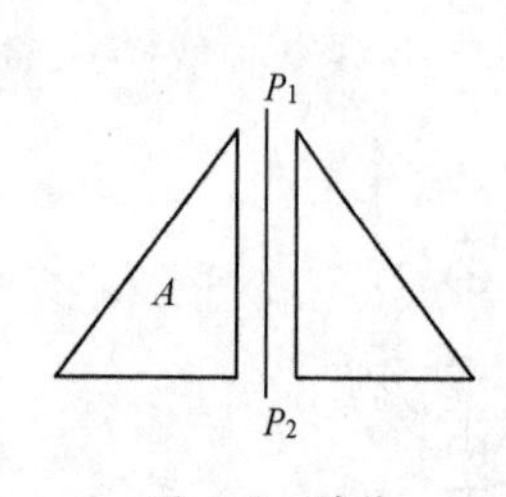

图 5-5 镜像

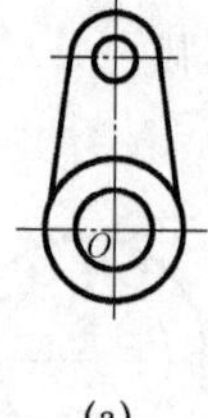

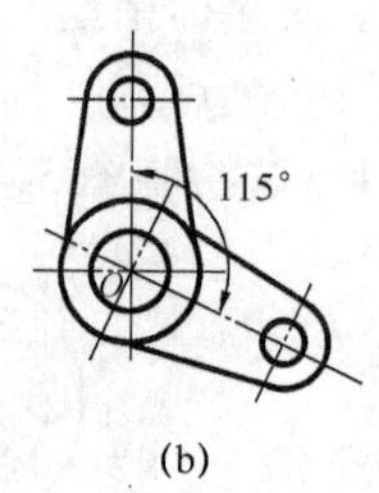

图 5-6 例 5-2 图

画图步骤如下：在“修改”面板中单击 按钮，或在命令行输入 Rotate。

命令：_Rotate；

选择对象：（选取图 5-6（a）中的上部分图形，包括对称中心线）总计 7 个；

选择对象：（按 Enter 键结束选择）；

指定基点：（输入 *O* 点）；

指定旋转角度，或［复制（C）/参照（R）］<0>：（输入选项 c）；

指定旋转角度，或［复制（C）/参照（R）］<0>：（输入参数-115）。

完成旋转操作。

（6）阵列。“阵列”命令用于将指定对象按矩阵队列或环形队列进行多重复制。

① 矩形阵列是按矩阵队列复制图形对象，单击“矩形阵列”按钮，根据命令行的提示来设置控制队列中行与列的数目、间距以及阵列角度。

例 5-3 试将图 5-7（a）作为源对象画出图 5-7（b）。

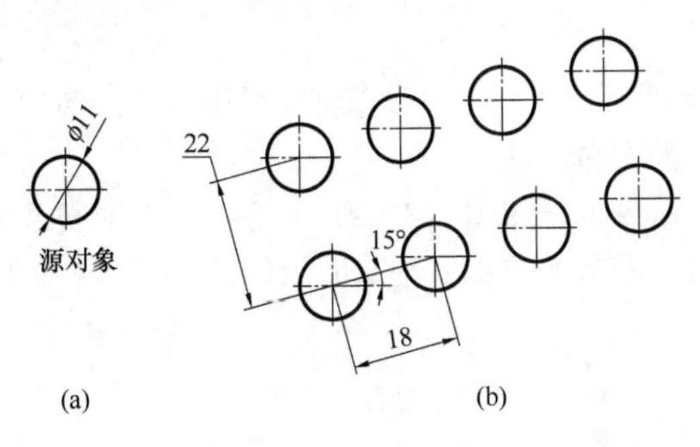

图 5-7 例 5-3 图

分析图形：题图是将源对象作矩形阵列得到的，阵列中有 2 行 4 列，行距为 22，列距为 18，而且有 15° 的阵列角度。

执行“阵列”命令如下：在“修改”面板中单击按钮，或在命令行输入 Arrayrect。

命令：_Arrayrect；

选择对象：指定对角点：找到 1 个（选择源对象）；

选择对象：（按 Enter 键回车）；

类型=矩形 关联=是；

为项目数指定对角点或［基点（B）/角度（A）/计数（C）］<计数>：a；

指定行轴角度<0>：15；

为项目数指定对角点或［基点（B）/角度（A）/计数（C）］<计数>：c；

输入行数或［表达式（E）］<4>：2；

输入列数或［表达式（E）］<4>：4；

指定对角点以间隔项目或［间距（S）］<间距>：s；

指定行之间的距离或［表达式（E）］<21.3>：−22；

指定列之间的距离或［表达式（E）］<20.7>：18；

按 Enter 键接受或［关联（AS）/基点（B）/行（R）/列（C）/层（L）/退出（X）］<退出>；

确定后即完成全图。

② 环形阵列是围绕指定的圆心，在指定圆周或扇形上多重复制图形对象。单击“环形阵列”按钮，执行命令时，使用命令行提示的设置来控制圆心、复制对象的数目、扇形角度、以及是否旋转对象等。命令操作如下：

命令：_Arraypolar；

选择对象：（选择源对象）；

选择对象：（按 Enter 键回车）；

类型=极轴 关联=是；

指定阵列的中心点或［基点（B）/旋转轴（A）］：（指定所阵列圆周的中心）；

输入项目数或［项目间角度（A）/表达式（E）］<4>：（输入要复制源对象的个数）；

指定填充角度（+=逆时针、−=顺时针）或［表达式（EX）］<360>；

按 Enter 键接受或［关联（AS）/基点（B）/项目（I）/项目间角度（A）/填充角度（F）/行（ROW）/层（L）/旋转项目（ROT）/退出（X）］；

按 Enter 键完成操作。

（7）修剪。“修剪”命令 -/-- 是用剪切边将指定对象剪断并将位于指定一侧的部分删除，是对图形对象做局部删除的有效方法。

例如，运用“修剪”命令可以将图 5-8（a）中各线段的中间部分删除，成为图 5-8（b）。修改过程如下：在“修改”面板中单击 -/-- 按钮，或在命令行输入 Trim。

命令：_Trim；

当前设置：投影=UCS，边=无

选择剪切边……

选择对象或<全部选择>：（选取直线 L_1、L_2、L_3、L_4）找到 4 个；

选择对象；按 Enter 键回车

选择要修剪的对象，或按住 Shift 键选择要延伸的对象，或［栏选（F）/窗交（C）/投影（P）/边（E）/删除（R）/放弃（U）］：（单击 A_1、A_2、A_3、$A_4$4 个点）；

此时，包含这 4 个点的线段消失，完成修剪，得到图 5-8（b）。

（8）打断。“打断”命令 [¨] 用于打断指定对象并删除两个打断点之间的对象。例如，图 5-9（b）中的约 3/4 圈细实线圆，可以对图 5-9（a）中的细实线整圆施加“打断”命令后得到。具体执行程序如下：在“修改”面板中单击 [¨] 按钮，或在命令行输入 Break。

命令：_Break 选择对象：（单击点 1 处选择细实线圆，并指定第一个打断点）；

指定第二个打断点或［第一点（F）］：（单击点 2 处）；

完成作图，得到图 5-9（b）。

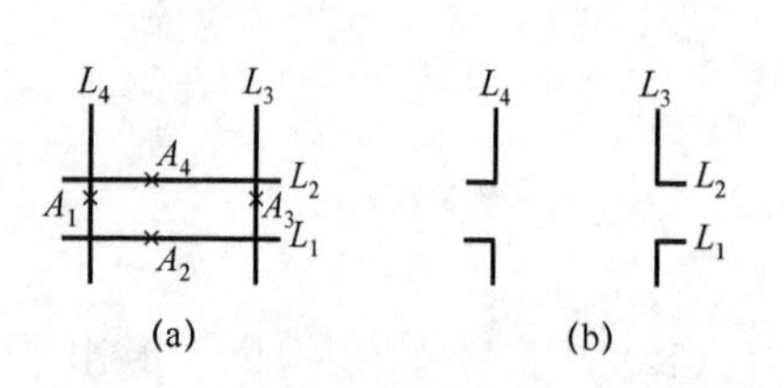

图 5-8　修剪

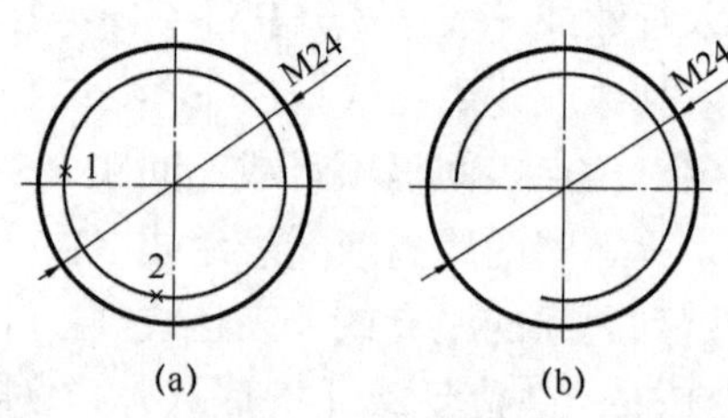

图 5-9　打断命令

（9）倒角和圆角。“倒角”命令 和“圆角”命令 用于修改两条指定图线对象所成夹角的形状。“倒角”命令是对两条不平行的指定直线作指定尺寸的倒角，如图 5-10（b）所示。圆角是对两个指定对象按指定的半径倒圆角，如图 5-10（c）所示。

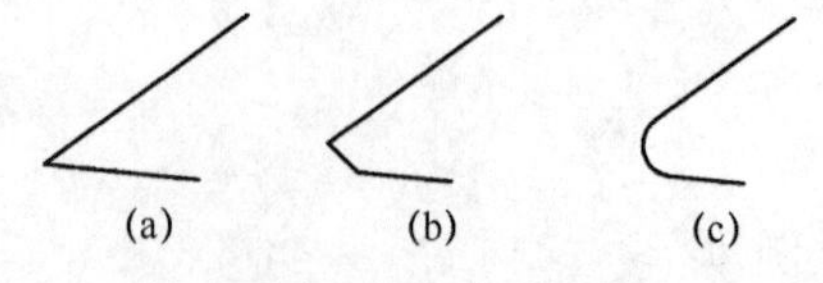

图 5-10　倒角和圆角

（a）夹角；（b）倒角；（c）圆角。

命令：_Chamfer；

（“不修剪”模式）当前倒角距离 1=0.0000，距离 2=0.0000；

选择第一条直线或［放弃（U）/多段线（P）/距离（D）/角度（A）/修剪（T）/方式（E）/多个（M）]：（输入 t 选项，改变修剪模式）；

输入修剪模式选项［修剪（T）/不修剪（N）] <修剪>：（输入 t 选项，采用修剪模式）；

选择第一条直线或［放弃（U）/多段线（P）/距离（D）/角度（A）/修剪（T）/方式（E）/多个（M）]：（输入 d 选项，调整倒角距离）；

指定第一个倒角距离<0.0000>：（输入倒角距离值 2）；

指定第二个倒角距离<2.0000>：（默认值）；

选择第一条直线或［放弃（U）/多段线（P）/距离（D）/角度（A）/修剪（T）/方式（E）/多个（M）]：（点选上方直线）；

选择第二条直线，或按住 Shift 键选择要应用角点的直线：（点选下方直线，完成图 5-10（b）所示倒角作图）；

回车；

命令: _fillet

当前设置: 模式 = 修剪，半径 = 0.0000

选择第一个对象或 ［放弃（U）/多段线（P）/半径（R）/修剪（T）/多个（M）]：r

指定圆角半径 <0.0000>: 2

选择第一个对象或 ［放弃（U）/多段线（P）/半径（R）/修剪（T）/多个（M）]：（选择上方直线）

选择第二个对象，或按住 Shift 键选择对象以应用角点或［半径（R）]：（选择下方直线）

完成图 5-10（c）所示圆角作图。

（10）偏移。“偏移”命令用来按指定距离创建一个与指定对象平行的对象。在实际应用中，常用“偏移”命令创建已有图线的平行线。图 5-11（a）所示是用“偏移”命令在直线 *AB* 的右侧创建两条与 *AB* 相距指定距离的直线，图 5-11（b）所示是用偏移命令分别在 $\phi 14$ 圆的内侧和外侧各创建了 1 个指定距离的圆。

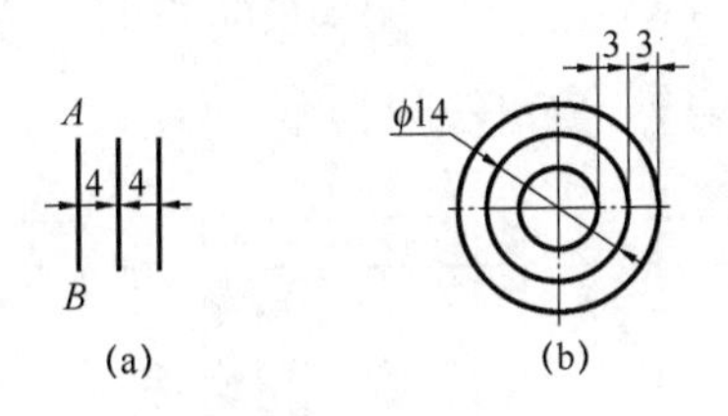

图 5-11　偏移

（a）偏移直线；（b）偏移圆。

其中图 5-11（a)所示图形进行“偏移”命令的执行程序如下：

绘图步骤如下：

命令：_Offset；

当前设置：删除源=否　图层=当前　OFFSETGAPTYPE=0；

指定偏移距离或［通过（T）/删除（E）/图层（L）] <0.0000>：（输入选项 L）；

指定偏移距离或［通过（T）/删除（E）/图层（L）] <0.0000>：（输入距离值 4）；

选择要偏移的对象，或［退出（E）/放弃（U）］<退出>:（单击选取直线 AB）;

指定要偏移的那一侧上的点，或［退出（E）/多个（M）/放弃（U）］<退出>:（在直线 AB 右侧单击任意一点，即可得到一条与 AB 直线平行且距离为 4 的直线上方单击任意一点）;

选择要偏移的对象，或［退出（E）/放弃（U）］<退出>:（单击选取刚得到的平行直线）;

指定要偏移的那一侧上的点，或［退出（E）/多个（M）/放弃（U）］<退出>:（在直线右方单击任意一点，即可得到间距为 4 的平行直线）;

选择要偏移的对象，或［退出（E）/放弃（U）］<退出>:（按 Enter 键结束命令）

（11）缩放。可以以任意比例缩小或放大图形，以一定比例改变图形的实际大小。“缩放”命令的执行过程如下。在“修改”面板中单击按钮，或在命令行输入 Scale。

命令：_Scale;

选择对象：（选择需要缩放的图形）;

选择对象：（选择好对象后回车）;

指定基点：（指定缩放基点）;

指定比例因子或［复制（C）/参照（R）]:（输入要缩放的比例，如放大比例 2 或缩小比例 0.5，回车）;

完成缩放。

（12）分解。“分解”命令用于将如矩形、多段线、图块、尺寸等由多个对象组合的图形进行分解，使组合对象分解成下一层次的组成对象。例如，分解一个由“矩形”命令绘制的矩形图形，操作如下：

在“修改”面板中单击按钮，或在命令行输入 Explode。

命令：_Explode;

选择对象：（选择要分解的矩形）;

选择对象：找到 1 个;

选择对象：回车;

完成分解，被分解的矩形由一个组合图线分解成为 4 条直线的组合，可分别编辑。

（13）拉伸。“拉伸”命令是将画好的图形部分进行拉伸。例如，将图 5-12（a）所示的 30×30 的矩形拉伸为图 5-12（c）所示的 30×40 的矩形。拉伸操作过程如下：在“修改”面板中单击按钮，或在命令行输入 Stretch。

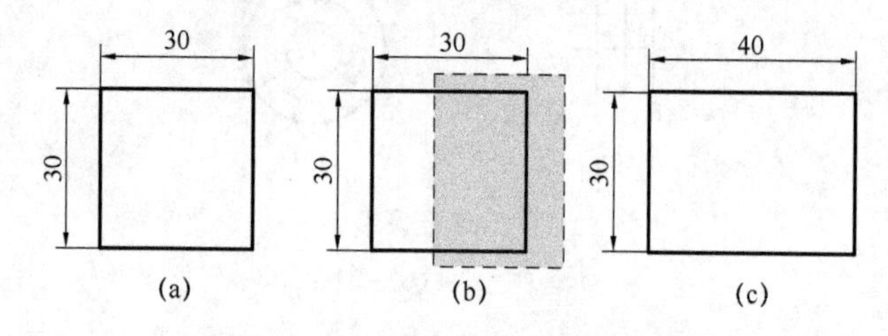

图 5-12 “拉伸”命令的应用

命令：_Stretch;

以交叉窗口或交叉多边形选择要拉伸的对象;

选择对象：指定对角点：找到 1 个（图 5-12（b））;

选择对象：回车;

指定基点或［位移（D）］<位移>:（选择矩形的右下角点）;

指定第二个点或<使用第一个点作为位移>：（向右拉伸图形 10 个单位）；

完成操作。

习　题

5-1　窗口方式和窗交方式构造选择集的区别是什么？直接从右向左选择构造选择集是窗口还是窗交？

5-2　在执行“修剪”命令中可以延伸对象吗？

5-3　已知对象旋转后的位置，但不知道转角，如何旋转？

5-4　可以沿着指定角度阵列对象吗？

5-5　偏移直线和曲线时生成的新对象与原对象一样吗？

5-6　修剪和延伸对象时当提示选择边界时，如果直接回车可以吗？

5-7　“拉伸”命令构造选择集的方式是什么？

5-8　可以不退出“圆角”命令而对多个对象进行不同半径的圆角吗？

5-9　对于一个多段线对象中的所有角点进行圆角，可以使用“圆角”命令中的什么命令选项？

第 6 章 文字与尺寸标注

6.1 文字

AutoCAD 中的文字注写方式有单行文本和多行文本两种。可根据文字使用情况灵活选用这两种文本方式。

在注写文字之前，应根据 CAD 工程制图标准先设置文字样式。

1．设置文字样式

图形中的文字都有与它相关联的样式。文字样式主要是控制文字的字体、大小、宽度因子、倾斜角度等项目。设置文字样式的步骤如下：

（1）单击“注释”选项卡、显示出“文字”面板，如图 6-1 所示，单击“文字”面板右下角斜箭头，弹出如图 6-2 所示的“文字样式”对话框。

（2）在“文字样式”对话框中单击“新建”按钮，弹出如图 6-3 所示的“新建文字样式”对话框。

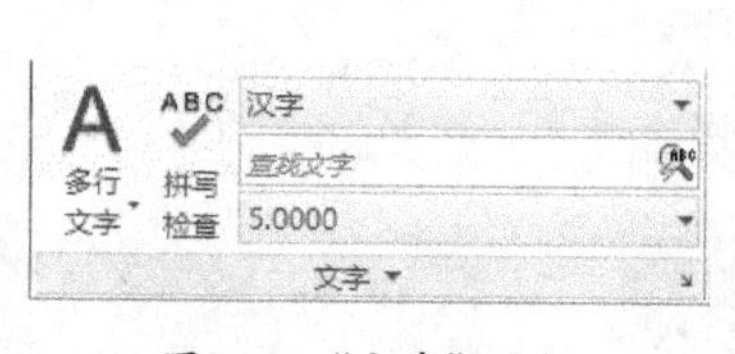

图 6-1 “文字”面板

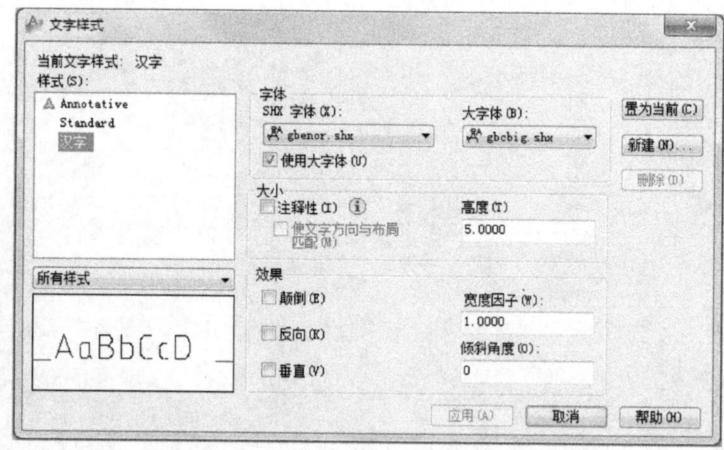

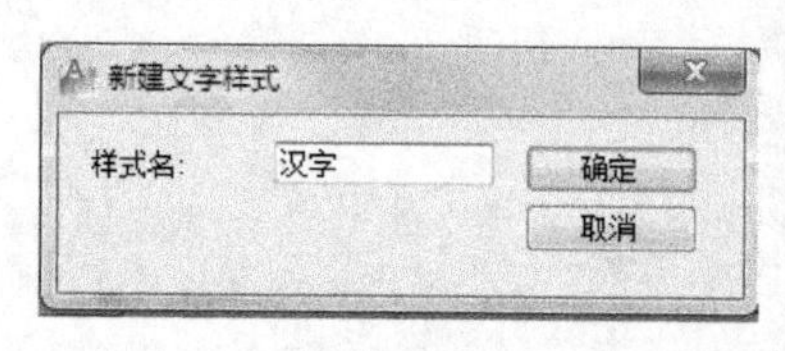

图 6-3 “新建文字样式”对话框

图 6-2 “文字样式”对话框

（3）在“新建文字样式”对话框中输入文字样式名，单击“确定”按钮。

（4）在“字体”、“大小”和“效果”区内设置文字的有关特征。设置效果将随时显示在“预览”区内。数字字母字体设成 gbenor.shx（斜体）、或 gbeite.shx（直体），汉字字体设置时应先勾选“使用大字体”，再选择 gbcbig。

（5）单击“应用”按钮保存新设置的文字样式。

（6）单击“关闭”按钮。

2．单行文本

“单行文本”命令用于在图中注写一行文字，这行文字作为一个单独的对象。用户可对其进行定位、调整修改等编辑操作。

单行文本若要编辑修改文字，需直接在文字上双击，待文字底色变为灰色框后，进行编辑修改，但只能修改文字内容，不能修改文字大小与颜色。

3．多行文本

执行“多行文本”命令后，系统弹出如图 6-4 所示的带有“文本编辑器”的选项卡，在“样式”面板中选定所设置的文字样式，输入文字，单击“关闭文字编辑器”即可。

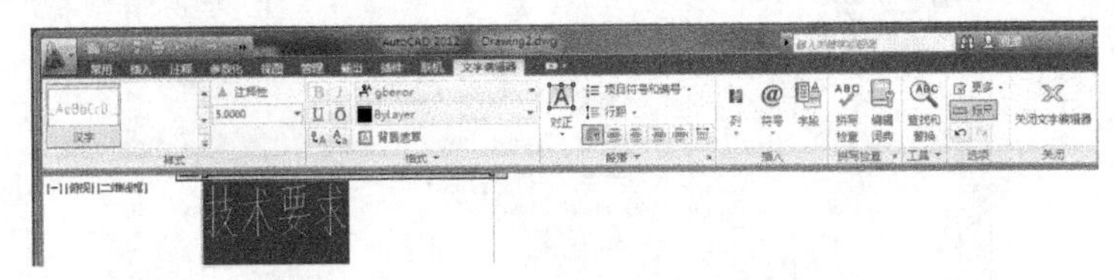

图 6-4 “文本编辑器”选项卡

在实际绘图中，有时需要绘制一些特殊字符以满足工程制图的需要。由于这些特殊字符不能直接从键盘输入，为此 AutoCAD 提供了控制码来实现，单击“文字编辑器”选项卡中的“插入”面板上“符号”按钮@，弹出如图 6-5 所示的控制码表，直接选取即可。

也可以在编辑器中直接输入控制码，如输入 60%%d 和%%c58%% p0.003，则显示的结果分别是 60° 和ϕ58±0.003。

多行文字作为一个单独的对象，用户可对其进行定位、调整或进行其他修改。多行文字若需修改文字内容和文字特征，则可直接在文字上双击，在弹出的“文字编辑器”中编辑修改文字。

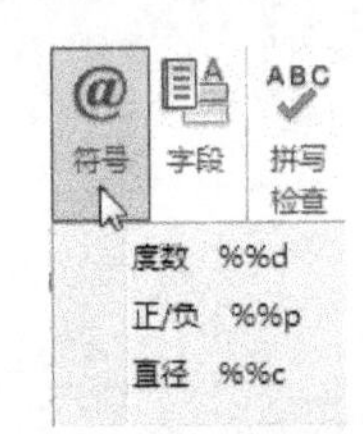

图 6-5 部分控制码及特殊符号

6.2 尺寸标注

AutoCAD 提供了尺寸标注功能，可以标注各种类型的尺寸，默认的尺寸标注样式是 ISO-25 或 Standard。不过它们都与国家标准规定有不一致的地方，在标注尺寸之前应该先创建符合 GB/T 18229—2000《CAD 工程制图规则》及 GB/T 4458.4—2003《技术制图 尺寸标注》的尺寸标注样式。

AutoCAD 的尺寸“标注”命令在“注释”选项卡中的“标注”面板内，如图 6-6 所示。

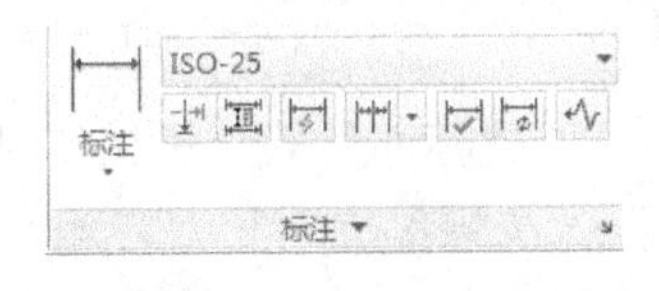

图 6-6 “标注”面板

6.2.1 创建尺寸标注样式

例 6-1 创建一个机械工程图样的常用样式。

（1）单击“注释”选项卡，单击“标注”面板右下角“斜箭头”按钮↘，弹出如图 6-7 所示“标注样式管理器”对话框。

（2）单击位于“标注样式管理器”对话框右侧的“新建”按钮，弹出如图 6-8 所示的“创建新标注样式”对话框。在该对话框中填入新样式名“机械”后单击“继续”按钮，该对话框关闭并弹出如图 6-9 所示的“新建标注样式”对话框。对话框上方就会出现所建“机械”样式名称。

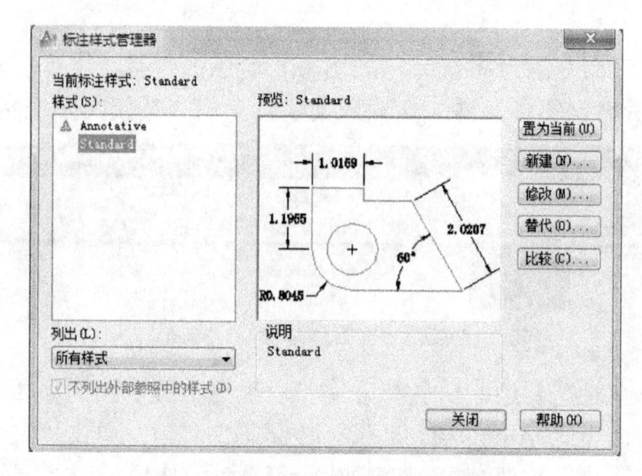

图 6-7 “标注样式管理器”对话框

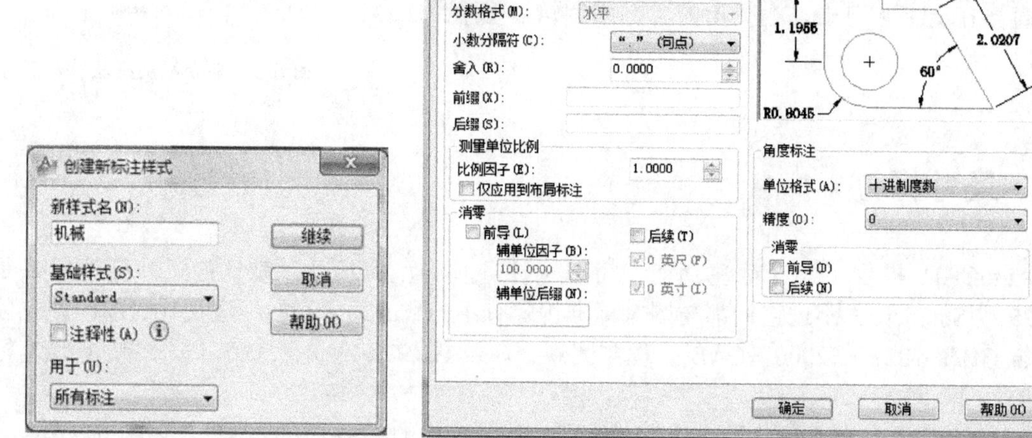

图 6-8 “创建新标注样式”对话框

图 6-9 “新建标注样式”对话框

（3）在各选项卡中设置参数。“新建标注样式：机械”对话框中包含了“线”、“符号和箭头”、“文字”、“调整”、“主单位”、“换算单位”和“公差”等 7 个选项卡。

①“线”选项卡。在“线”选项卡中主要是设置尺寸线和尺寸界线的属性，用户可按国家标准的规定对选项卡中已有的参数进行调整。在“机械”标注样式中，将“尺寸线”选项中的“基线”设为“5”，“尺寸界限”选项中的“超出尺寸线”设为“2”，“起点偏移量”设为“0”。如图 6-10 所示。其他选项不变。

②“符号和箭头”选项卡。在“符号和箭头”选项卡中可以选择尺寸线终端样式和大小、弧长符号的位置属性、圆心标记的属性以及半径标注折弯的折弯角度。在“机械”标注样式中，将“箭头”样式都设为“实心闭合”，“箭头”大小设为“1.5”，如图 6-11 所示。其他选项不变。

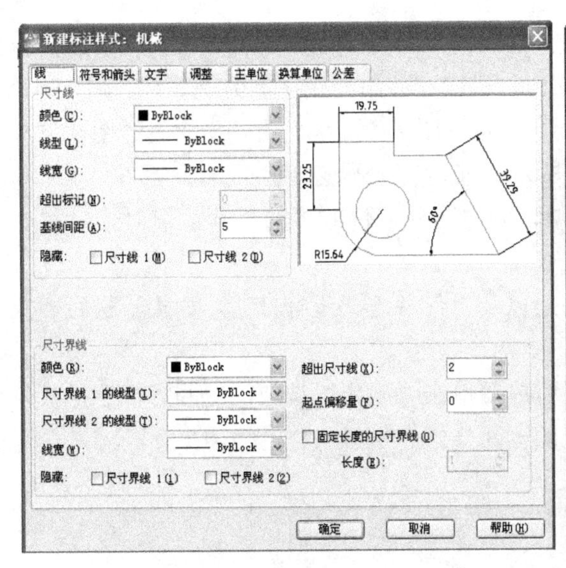

图 6-10 “线”选项卡

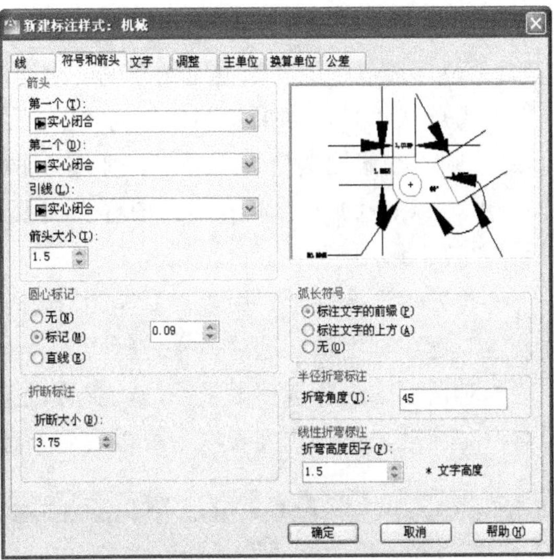

图 6-11 “符号和箭头”选项卡

③“文字”选项卡。在“文字”选项卡中可以设置尺寸数字及符号的文字样式、文字颜色等外观属性，还可以设置尺寸数字及符号相对于尺寸线的位置及对齐方式。首先设置一个“数字和字母”的文字样式。在“机械”标注样式中，将“文字”样式设为“数字和字母”，“文字位置”选项中“垂直”设为“上”，“文字对齐”设为“ISO 标准”，如图 6-12 所示。其他选项不变。

④“调整”选项卡。“调整”选项卡主要用于小尺寸标注时箭头和尺寸数字位置的设置。在“机械”标注样式中，将“优化”选项设为“在尺寸界线之间绘制尺寸线”，如图 6-13 所示。其他选项不变。

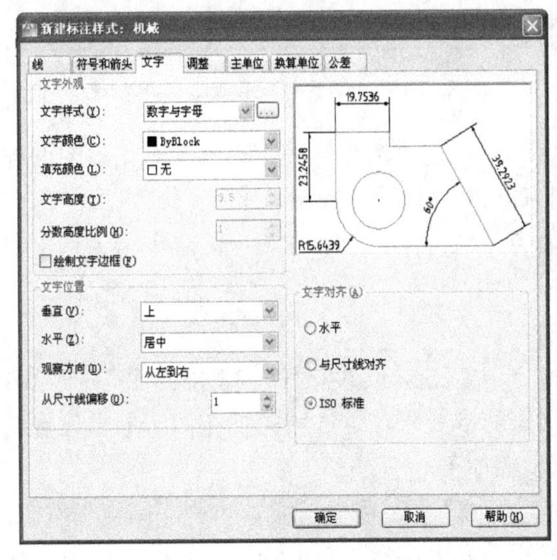

图 6-12 “文字”选项卡

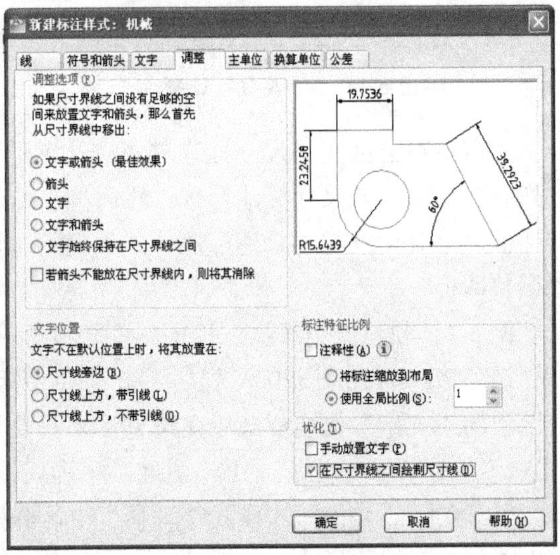

图 6-13 “调整”选项卡

⑤“主单位”选项卡。在“主单位”选项卡中可以分别设置线性尺寸和角度尺寸的单位格式、精度等属性，还可根据绘图比例设置标注尺寸所采用的测量比例等。在“机械”标注

样式中，将“线性标注”选项中的“精度”设为“0.00”，将“小数分隔符”设为“句点”，“测量单位”选项中的“测量比例”视当前绘图比例来定，如果绘图比例为“1:1”，则“测量比例”为默认“1”，如果绘图比例为“2:1”，则“测量比例”设为“0.5”，如果绘图比例为“1:2”，则“测量比例”设为“2”，如图 6-14 所示。其他选项不变。

⑥“换算单位”选项卡。当图样上需要同时标注两种单位制下的尺寸数值时，就得在“换算单位”选项卡中进行设置。

⑦“公差”选项卡。用以设置是否标注公差以及以何种方式进行标注。如果不进行“尺寸公差”标注则用默认选项，不进行设置。

当对话框中的各选项卡中相应的参数设置完成后单击“确定”按钮，返回“标注样式管理器”对话框，在样式列表框中可以看到新建的标注样式“机械”，如图 6-15 所示。

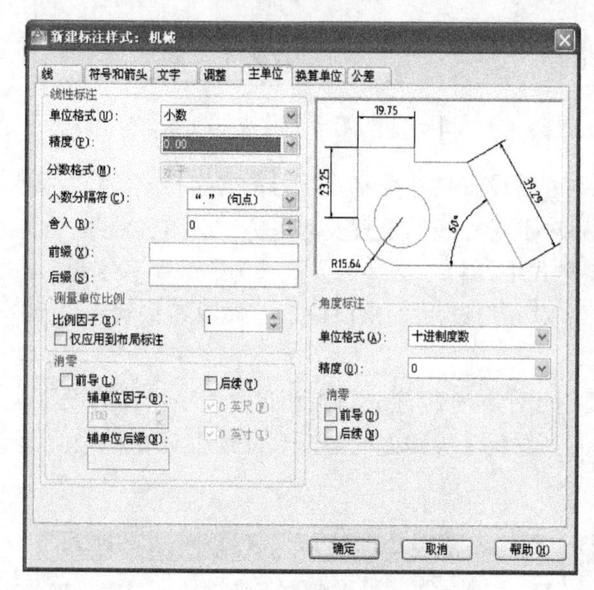

图 6-14 “主单位”选项卡

图 6-15 “标注样式管理器”对话框

当需要对已创建的尺寸标注样式进行参数修改时，在“标注样式管理器”对话框中的样式列表框中选定该尺寸标注样式，然后单击位于右侧的“修改”按钮，弹出“修改标注样式”对话框，此对话框与“新建标注样式”对话框内容一致，用户只要在相应的选项卡上作出参数调整即可。

例 6-2 创建一个机械工程图样的角度标注样式。

在 GB/T 4458.4—2003《技术制图 尺寸标注》中规定，角度数字一律水平书写。例 6-1 中设置的“机械”标注样式中角度标注不符合国家标准要求，这样就需要在例 6-1 中设置的“机械”标注样式下设置一个“角度”子样式。步骤如下：

（1）在图 6-15“标注样式管理器”中，选择“机械”样式置为当前，单击“新建”按钮，弹出“创建新标注样式”对话框，在“用于”下拉列表中选择“角度标注”选项，如图 6-16 所示。

（2）单击“继续”，弹出“新建标注样式：机械：角度”对话框，在“文字”选项卡的“文字对齐”选项区选择“水平”单选按钮，如图 6-17 所示。

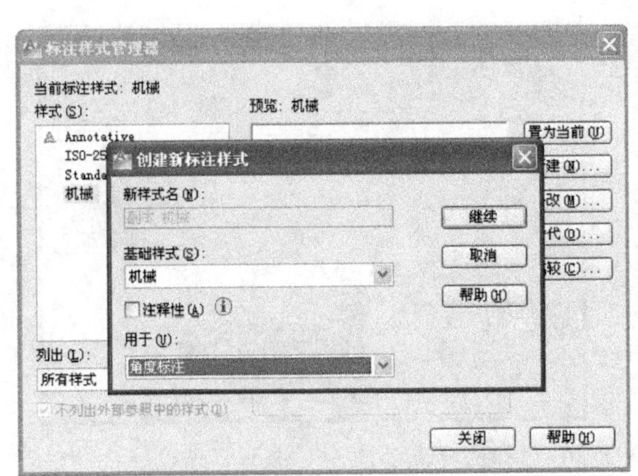

图 6-16　创建“角度”标注子样式

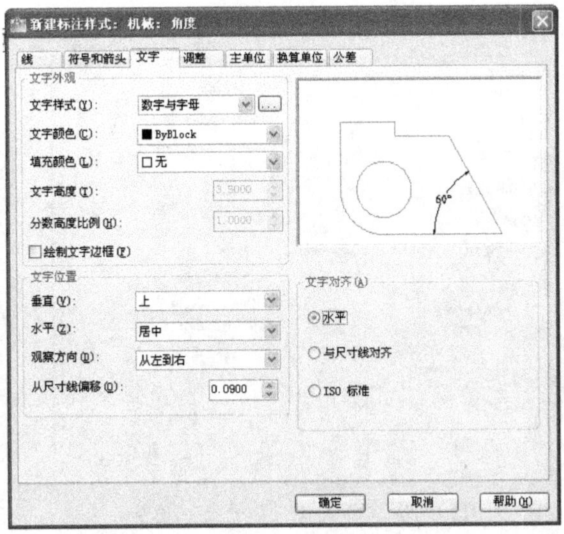

图 6-17　设置“角度”标注的文字对齐方式

（3）单击“确定”按钮，返回“标注样式管理器”对话框，在“样式”列表框中“机械”样式下就出现“角度”子样式，如图 6-18 所示。

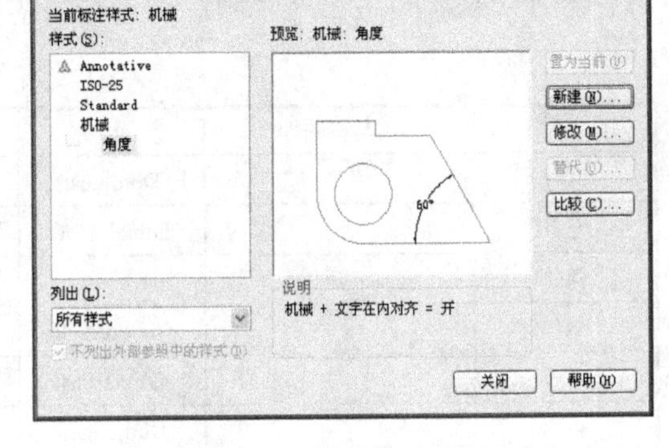

图 6-18　“标注样式管理器”列表框

例 6-3　创建一个机械工程图样的尺寸公差标注样式。

标注尺寸公差（如尺寸 $30^{+0.015}_{-0.020}$），则在图 6-18 所示的“机械”标注样式中还需要设置标注尺寸公差的“样式替代”，步骤如下：

（1）单击图 6-18 所示“标注样式管理器”中的“替代”按钮，弹出“替代当前样式：机械”对话框。

“公差格式”中各选项区含义如下。

“方式”：确定公差的标注方式，包括“无”（系统默认）、“对称”、“极限偏差”、“极限尺寸”和“基本尺寸”选项。本例选择“极限偏差”。

“精度”设置尺寸公差的精度，即小数点位数。本例设置为“0.000”。

“上偏差”：输入尺寸的上极限偏差值。本例设置为“0.015”。系统默认为正值，如果上偏差为负值，则需要在数值前加注“-”号。

“下偏差”：输入尺寸的下极限偏差值。本例设置为“0.020”。系统默认为负值，如果下偏差为正值，则需要在数值前加注“+”号。

“高度比例”：极限偏差的字高与公称尺寸的字高比值，一般设为“0.7”。

“垂直位置”：控制公差值相对于基本尺寸的位置，本例设置为“中”。

“公差格式”设置如图 6-19 所示。

（2）单击“确定”按钮，完成标注尺寸公差的“样式替代”设置，返回“标注样式管理器”，在“样式”列表中出现“样式替代”标注样式，如图 6-20 所示。

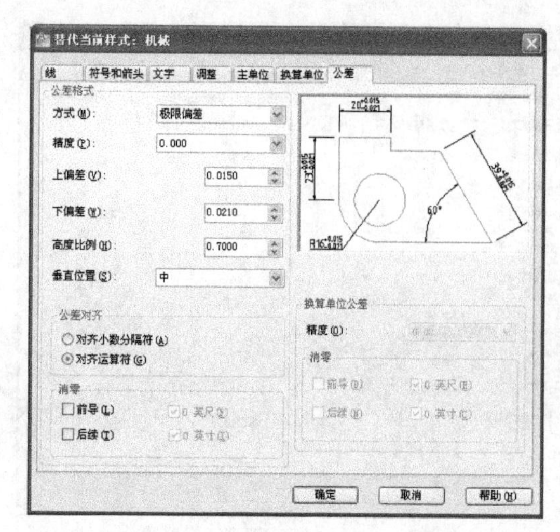

图 6-19 “样式替代”的公差选项卡

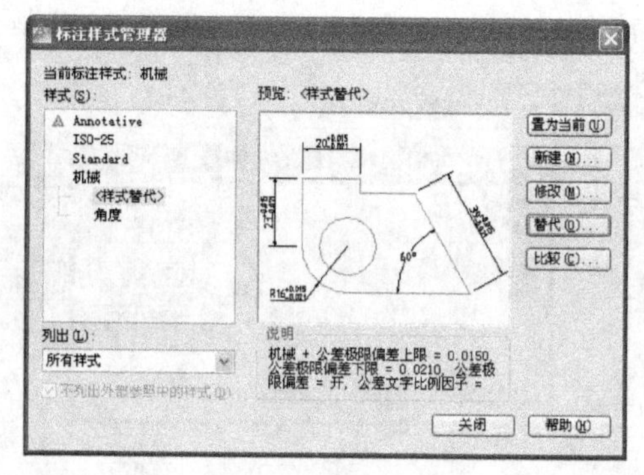

图 6-20 “标注样式管理器”中的“样式替代”列表

6.2.2 标注尺寸

创建了符合国家标准规定的尺寸样式后，就可以用该样式标注尺寸。尺寸标注的对应图标命令在“标注”下拉菜单中。各图标对应的命令说明如表 6-1 所列。

表 6-1 常用标注命令说明

名称	工具栏图标	命令	功能
线性		Dimlinear	标注水平尺寸、垂直尺寸、旋转尺寸
对齐		Dimaligned	标注指定倾斜线段的长度尺寸
弧长		Dimarc	标注圆弧的长度
坐标		Dimordinate	标注指定点的直角坐标值
半径		Dimradius	标注圆弧或圆的半径
折弯		Dimjogged	以折弯尺寸线的形式标注圆弧或圆的半径
直径		Dimdiameter	标注圆弧或圆的直径
角度		Dimangular	标注两条直线的夹角或圆弧的中心角
快速标注		Qdim	标注若干个指定图形之间沿横向或竖向的相对位置
基线标注		Dimbaseline	同方向的一组尺寸线从同一尺寸界线处引出
连续标注		Dimcontinue	同向相邻的两尺寸线共用同一尺寸界线
等距标注		Dimspace	调整线性标注或角度标注之间的间距
折断标注		Dimbreak	在标注或延伸线与其他对象交叉处折断
形位公差		Tolerance	标注几何误差
圆心标记		Dimcenter	绘制圆或圆弧的中心标记或中心线
检验		Diminspect	添加或删除与选定标注关联的检验信息
折弯线性		Dimjogline	在线性或对齐标注上添加或删除折弯线
编辑标注		Dimedit	编辑标注文字和延伸线
编辑标注文字		Dimtedit	移动、旋转和修改已标注的尺寸数字及符号，重新定位尺寸线
标注更新		-Dimstyle	用当前标注样式更新标注对象
标注样式控制	ISO-25		呈列已创建的尺寸标注样式，显示选定的当前尺寸标注样式
标注样式…		Dimstyle	打开标注样式管理器

图 6-21 所示是尺寸标注的一些图例。

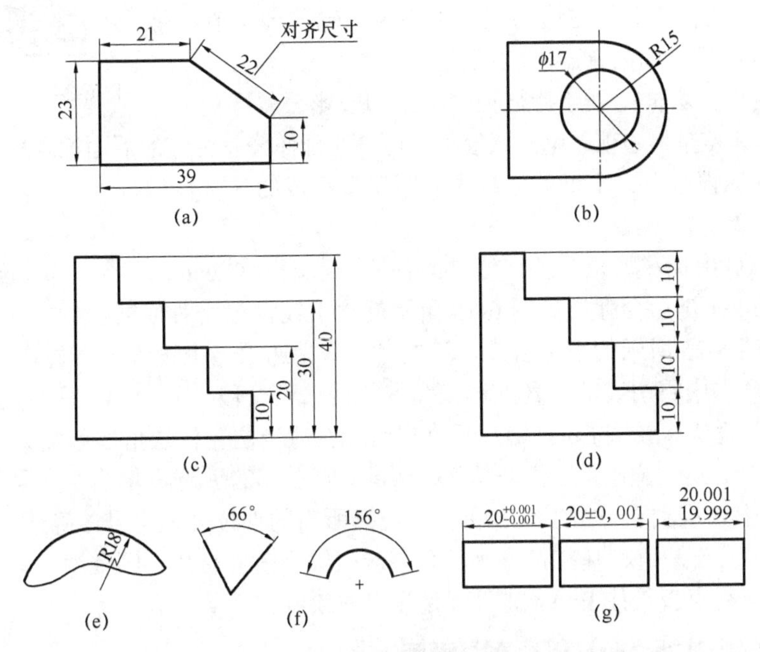

图 6-21 尺寸标注图例

（a）线性和对齐尺寸；（b）直径和半径尺寸；（c）基线标注尺寸；（d）连续标注尺寸；（e）折弯标注；（f）角度标注；（g）带有尺寸公差的线性尺寸。

6.3 几何公差标注

1．打开“形位公差”对话框的方式

（1）在菜单栏中选择“标注”/“公差”命令。

（2）在功能区选择“注释”选项卡，在“选项板”面板中单击“公差”按钮。

（3）在命令行直接输入 Tolerance↙。

“形位公差”对话框如图 6-22 所示。

“形位公差”对话框中各区域的功能：

（1）“符号”选项区域：单击“符号”下面的■框，打开“特征符号”对话框，可以为第一个或第二个公差选择几何特征符号，如图 6-23 所示。

（2）“公差 1”、“公差 2”选项区域：单击左边的■框，将插入一个直径符号；中间的文本框中可以输入公差值；单击右边的■框，将打开“附加符号”对话框，如图 6-24 所示。

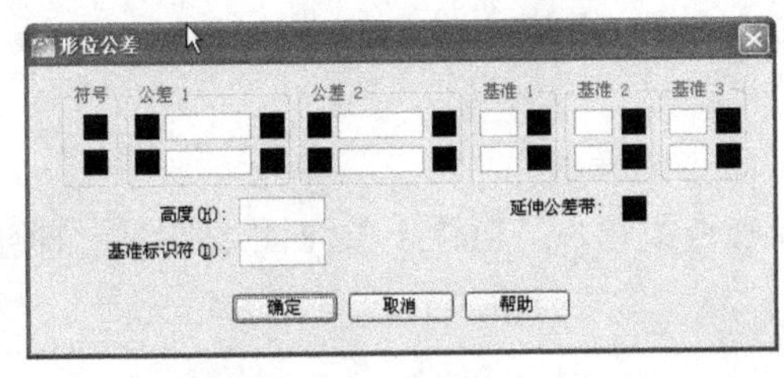

图 6-22 “形位公差”对话框

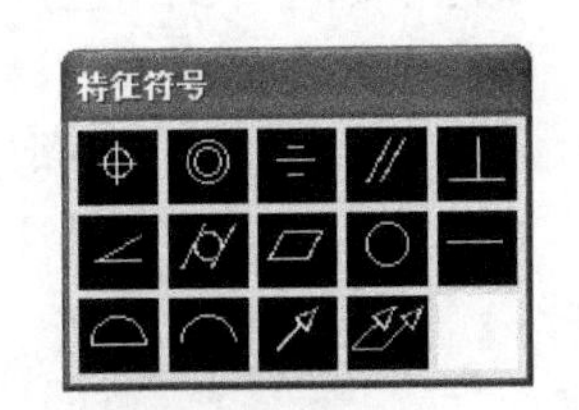

图 6-23 “特征符号”对话框

（3）“基准 1”、“基准 2”和“基准 3”选项区域：用来设置公差基准和相应的包容条件。左边的文本框中可以输入公差值；单击右边■框，将打开“附加符号”对话框。

图 6-24 “附加符号”对话框

（4）“高度”文本框：创建特征控制框中的投影公差零值。

（5）“延伸公差带”选项：单击该■框，可以在延伸公差带值的后面插入延伸公差带符号。

（6）“基准标识符”文本框：创建由参照字母组成的基准标识符号。

2．形位公差标注方法

在 AutoCAD 中标注形位公差，通常应在命令行输入 Qleader 命令，按 Enter 键后在命令行输入 s，按 Enter 键后会弹出如图 6-25 所示的“引线设置”对话框。

要标注如图 6-26 所示的形位公差，可在“注释”选项卡中设置为“公差”选项；在“引线和箭头”选项卡中将引线的“角度约束”区域的“第一段”和“第二段”均设为 90°，其余项为默认值。确认后或按 Enter 键后返回屏幕，在适当位置依次拾取起点 a、拐点 b 和终点 c，完成引线绘制。继续弹出“形位公差”对话框，如图 6-22 所示，单击“符号”项中的“■”，弹出“特征符号”对话框，如图 6-23 所示，选择所需的形位公差符号，确认后返回“形位公差”对话框，输入公差值和基准符号等项目。若引线不需要转折，则依次拾取起点 d、拐点 e 之后，不必拾取终点直接按 Enter 键即可完成引线绘制。

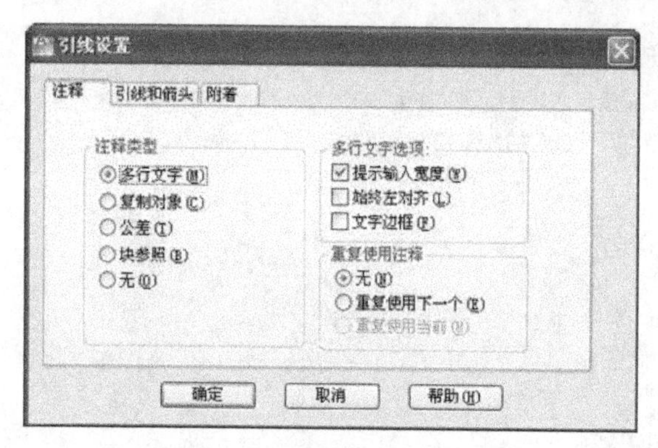

图 6-25 “引线设置”对话框

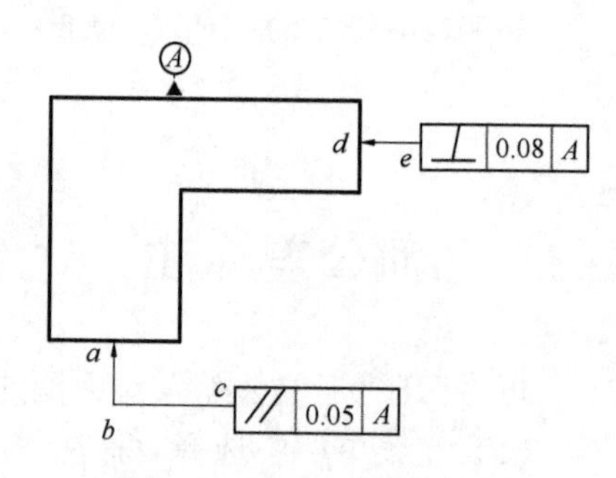

图 6-26 形位公差标注

习　题

6-1　想要标注倾斜直线的长度，应该使用何种标注命令？

6-2　标注文字如何设置为水平放置？

6-3　“基线间距”是什么含义？

6-4　如何在标注样式中应用设置好的文字样式？

6-5　标注文字的位置如何调整？

6-6　尺寸标注数值的精度取决于什么命令的设置？

6-7　对于大圆弧的半径标注，如果圆心点太远，甚至位于整张图纸外面，如何对此圆弧进行标注？

第7章　图层设置及精确定位工具

7.1　图层设置

图层是 AutoCAD 提供的强大的功能之一，利用图层可以方便地对图形进行管理。一个图层相当于一张透明纸，先在其上绘制具有特定属性的图形，然后将若干图层一层层重叠起来，构成最终的图形。“图层”面板如图 7-1 所示。

图样中的每个对象都依附于一个图层，用户可以根据设计的需要创建自己的图层。

1．设置图层

创建图层时，单击图层工具栏中的“图层特性管理器”按钮，弹出如图 7-2 所示的“图层特性管理器”对话框，该对话框是一个创建了图层的“图层特性管理器”样例。

图 7-1　“图层”面板

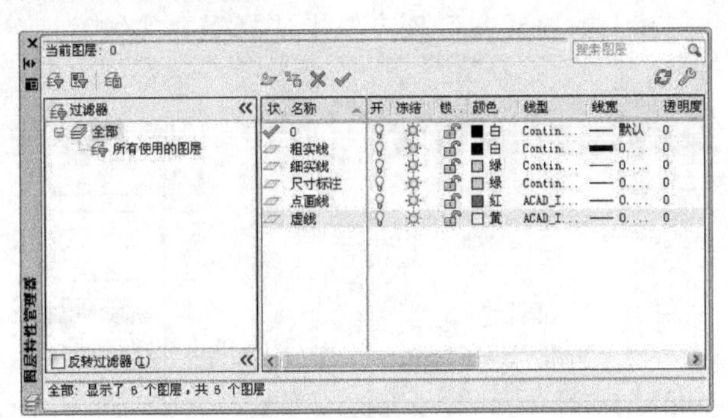

图 7-2　“图层特性管理器”对话框

1）“图层特性管理器”对话框各选项的含义

（1）名称：用户在新建图层时需要先设定图层的层名。

（2）打开图层：控制图层的开关状态。如果某个图层对应的小灯泡的颜色为黄色，则表示该图层为打开状态，该图层上的图形为可见显示，可以打印。如果某个图层对应的小灯泡的颜色为灰色，则表示该图层为关闭状态，该图层上的图形为不可见，不能打印。

（3）冻结图层：如果某个图层对应的“冻结”图标是太阳，则表示该图层上的图形可见，可以进行重生成、消隐对象、渲染和打印等操作。如果某图层对应的“冻结”图标是雪花，则表示该图层被冻结了，该图层上的图形不可见，不能进行重生成、消隐对象、渲染和打印等操作。

（4）锁定图层：如果某个图层对应的“锁定”图标是，则表示该图层处于非锁定状态，该图层上的图形可以被编辑。如果某个图层对应的“锁定”图标是，则表示该图层处于锁定状态，该图层上的图形不可以被编辑。

（5）颜色■：可以通过该选项来设置不同图层的颜色。设置图层的颜色可以单击要设定图层的颜色图标，弹出如图 7-3 所示的“选择颜色”对话框，选择对应的颜色即可。

（6）线型：可以通过该选项来设置不同图层的线型。设置图层的线型可以单击该图层对应的线型名，弹出如图 7-4 所示的“选择线型”对话框。默认状态下，“选择线型”对话框内只包含 Continuous 一种线型，如果需要使用其他线型，必须将其加载到“选择线型”对话框内。操作过程为，单击“加载”按钮，弹出如图 7-5 所示的“加载或重载线型”对话框，用户可以在“可用线型”列表框中选择需要的线型，单击“确定”按钮，返回“选择线型”对话框，再选定刚刚加载的线型，单击“确定”，加载过程完成。

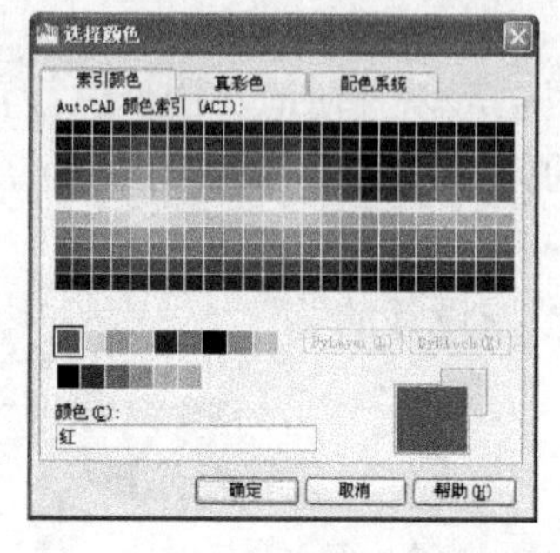

图 7-3 “选择颜色”对话框

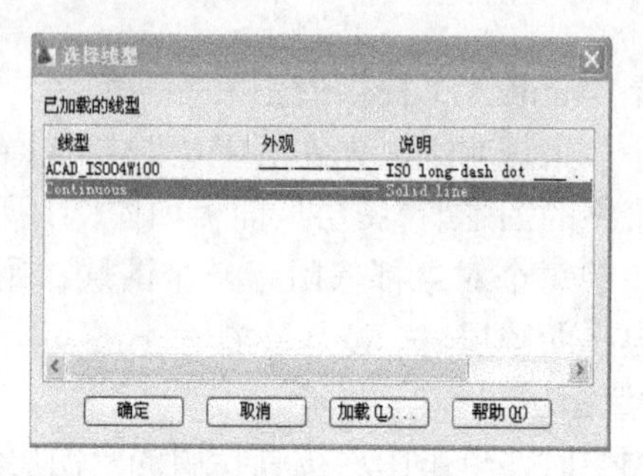

图 7-4 “选择线型”对话框

（7）线宽：可以通过该选项来设置不同图层的线型宽度。单击该选项，弹出如图 7-6 所示的“线宽”对话框，在其中的“线宽”列表框中选择需要的线宽，单击“确定”按钮完成设置。

图 7-5 “加载或重载线型”对话框

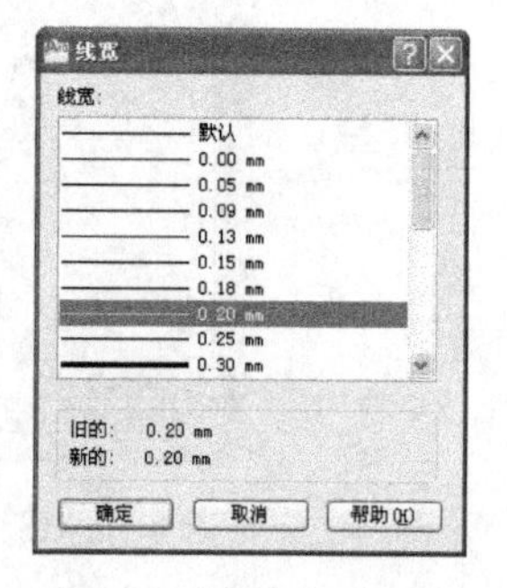

图 7-6 “线宽”对话框

（8）打印样式：可以通过该选项设置图层的打印样式。

2）设置图层的步骤

（1）创建图层。单击“新建图层”按钮后，默认名称处于可编辑状态，用户可以直接输入新图层的名称，如“点画线”，用以表示细点画线层。

（2）设置颜色。图层颜色应该按照 CAD 制图标准的规定进行设置，例如中心线层的颜色设置应为红色。

（3）设置线型。在图层中需设置线型，而且每一层的线型必须符合 CAD 工程制图图层管理的规定。例如，“点画线”图层的线型应该是“ACAD_IS004W100”，如果没有加载该线型，就需要在“加载或重载线型”对话框中选中该线型，单击确定后，该线型出现在“选择线型”对话框中。再在“选择线型”对话框中选定该线型，它就成为了“点画线”图层的线型。

（4）设置线宽。单击“线宽”列表下的线宽特性图标，在“线宽”对话框中选择需要的线宽，单击“确定”按钮完成设置。

将以上这些图层属性设置好以后，就完成了设置图层的工作。画图时要把所需的图层置于当前层，方能画出所需的线型。也可先在一种最常用的图层上画出图形对象，然后选取这些对象分别转移到指定的图层。

2．对象特性

对象特性包括一般特性和几何特性。对象的一般特性指对象的颜色、线型及线宽等，这些特性可以直接在如图 7-7 所示的“特性”面板中进行设置。当图层设置好后，一般将这三个特性设置为 ByLayer（随层）即可。

对象的几何特性指对象的尺寸和位置等，它们可以直接在“特性”窗口中进行设置和修改。使用“特性”窗口设置和修改对象特性的方法如下：选定对象后单击右键弹出如图 7-8（a）所示的快捷菜单，在快捷菜单点击“特性”命令则打开如图 7-8（b）所示的“特性”窗口，在窗口内可以浏览、修改对象的各种特性。

3．提取对象的几何图形信息

通过“测量”（MEASUREGEOM）命令，可以从对象中获取几何信息，例如，距离、面积、半径、角度和体积。“测量”选项下拉菜单位于“实用工具”面板中，如图 7-9 所示。

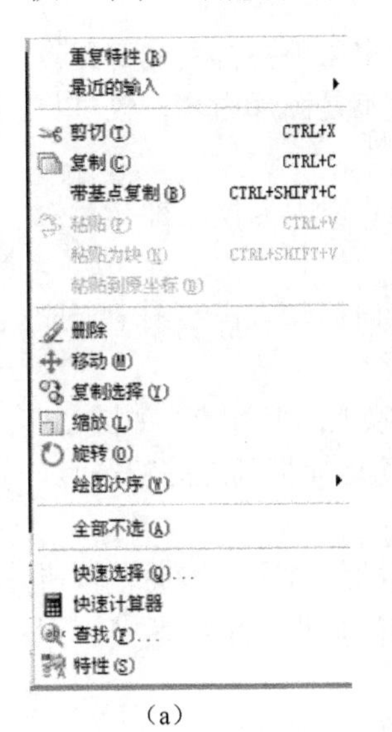

(a)

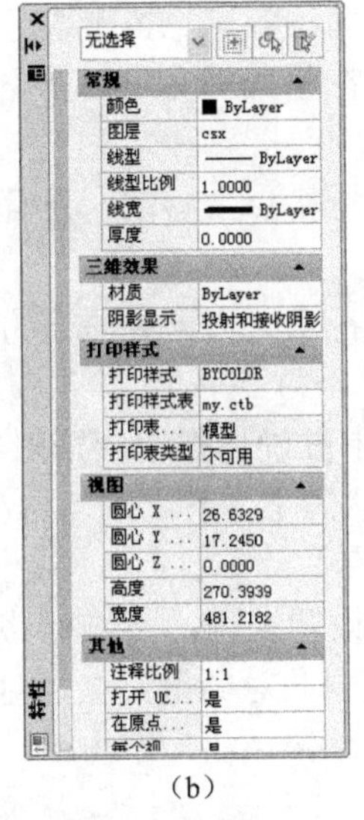

(b)

图 7-8　快捷菜单和“特性”窗口

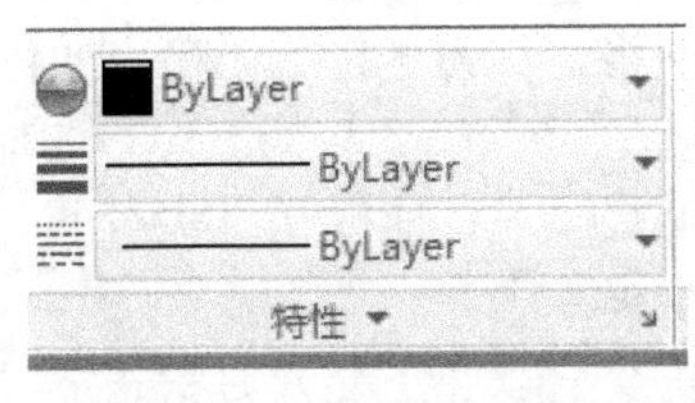

图 7-7　“特性”面板

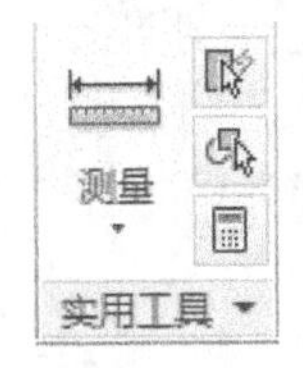

图 7-9　“实用工具”面板

（1）测量两点之间的距离和角度。

命令操作步骤：

① 单击“常用”选项卡，选择“实用工具”面板。

② 选择“实用工具”面板中“测量”下拉菜单，选择“距离”。在命令提示下，输入 Dist。

③ 指定要计算距离的第一个点和第二个点。

④ 按 Enter 键。

命令行提示以当前单位格式显示的距离。

（2）获取面积与质量特性信息。

测量对象面积的操作步骤：

① 单击“常用”选项卡。

② 选择“实用工具”面板中“测量”下拉菜单，选择“面积”。

③ 在命令提示下，输入 O（对象）。

④ 选择对象。

命令行将以当前单位格式显示选定的对象的面积和半径。

7.2 精确定位的方法

在 AutoCAD 中绘制图形时，虽然可以用光标来指定点的位置，但这样确定的位置总会存在一些误差。为此，AutoCAD 提供了精确绘图的辅助功能，它们包括捕捉、栅格、正交、对象捕捉、DYN（动态输入）等，这些辅助功能通过状态栏中的按钮开启和关闭，如图 7-10 所示。

图 7-10 “精确定位工具”面板

（1）栅格。在栅格开启状态下，绘图窗口的图幅区域内会显示出由整齐排列的等距点阵构成的网格，称为栅格。栅格点的位置一般处在整数坐标点。栅格不是图形内容，仅供作图时参考。

（2）捕捉。在捕捉开启状态下，光标仅在栅格点上移动，这样可以很方便地把光标控制在整数坐标点上。

（3）正交。在正交开启状态下，光标只能在水平方向和垂直方向移动。在绘图中一般利用正交功能保证视图之间的投影关系。

（4）对象捕捉。对象捕捉就是在绘图过程中准确地抓取图形对象上的特征点，如圆心、圆弧和直线等的端点、中点等。在对象捕捉开启状态下，系统可以自动地捕捉到这些特征点，从而快速、精确地绘制图形。

用户可以根据绘图需要设置相应的特征点，设置过程：将光标移动到对象“捕捉”按钮上，单击鼠标右键弹出如图 7-11 所示的“草图设置”对话框，在“对象捕捉”选项卡中可实现特征点的设置。

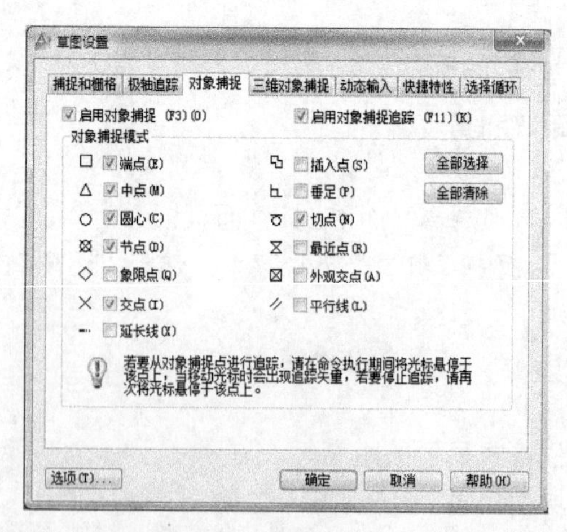

图 7-11 “草图设置”对话框的“对象捕捉”选项卡

（5）DYN（动态输入）⊾。DYN 开启的状态下，在十字光标右下角会出现如图 7-12 所示的“动态输入”提示框。动态输入提示框由命令提示和实时参数两部分组成，用户应该按照命令提示输入绘图参数，此参数就会显示在实时参数框中。

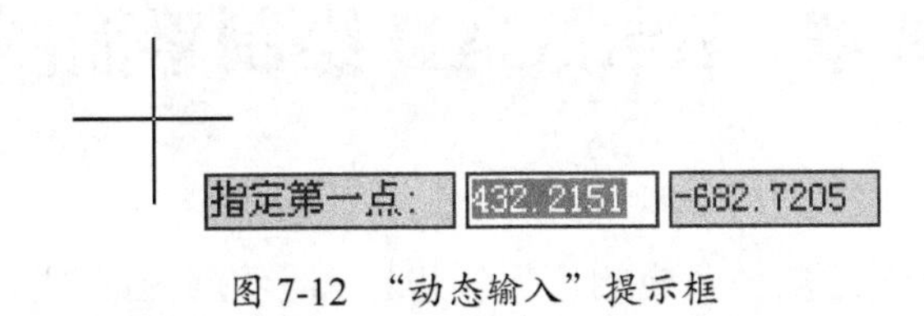

图 7-12 “动态输入”提示框

习 题

7-1 对象特性中“随层 ByLayer”是什么含义？

7-2 可以冻结当前图层吗？图层的关闭、冻结、锁定功能之间有什么异同？

7-3 如何改变一个对象的所在图层？

7-4 可以在锁定的图层里创建新对象吗？

7-5 关闭的图层里的对象可以被修改吗？

7-6 冻结的图层里的对象可以被修改吗？

7-7 在对象特性工具条上将颜色设置为黄色，线型设置为 Continuous。再在图层特性管理器中设置某图层颜色为红色，线型为 ACAD_ISO04W100，并将其置为当前层，则新绘制对象的颜色和线型是什么？

7-8 AutoCAD 中使用了一些什么精确制图工具？

7-9 如何查询距离？

7-10 要捕捉两点之间的中点，采用哪种捕捉方式？

7-11 如何查询一个半径为 11.5 的圆的面积？

7-12 使用什么按键可以在动态输入的提示框之间切换？

第 8 章 AutoCAD 绘制平面图形

机件的轮廓形状虽然是多种多样的，但其投影图形仍是由直线、圆、圆弧及非圆曲线所组成的平面图形，掌握一些典型的基本几何形状的作图方法是绘制平面图形和机械图样的基础。

8.1 平面图形的画法与尺寸标注

在机械图样中，由直线段和圆弧段相连接而形成的“平面图形”常常出现。要正确绘制出此种平面图形，就必须掌握对这些平面图形的尺寸和构成线段的分析方法。

对平面图形进行尺寸和线段的分析，就是要通过分析，掌握其所含各几何图形及线段的形状、大小和它们之间的相对位置与连接关系，以确定正确的画图步骤和尺寸标注方法。

1．平面图形的尺寸分析

平面图形的尺寸，按其所起作用的不同，可分为定形尺寸和定位尺寸两类。

（1）定形尺寸。确定平面图形各组成部分的形状与大小的尺寸，称为定形尺寸，如圆的直径和圆弧的半径等。在图 8-1 所示的平面图形中，*ϕ*3、*R*5、*R*10、*R*24 等尺寸为定形尺寸。

（2）定位尺寸。确定平面图形上各线段间相对位置的尺寸，称为定位尺寸。图 8-1 中，4、21、36 等尺寸为定位尺寸。

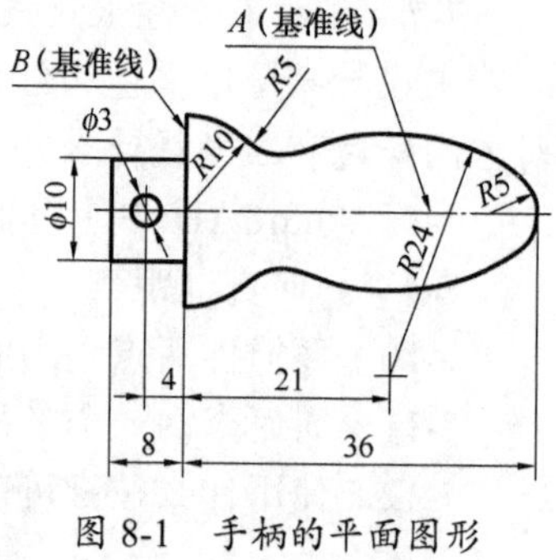

图 8-1　手柄的平面图形

标注定位尺寸需要先确定基准。所谓基准就是标注尺寸的起点。对于平面图形而言，有水平和垂直两个方向的基准，可以是对称中心线、圆或圆弧的中心线、图形的底线及边线等。

2．平面图形的线段分析

根据平面图形中所给出的各线段的定形和定位尺寸的完整程度，可将它们分为已知线段、中间线段和连接线段 3 种类型。

（1）已知线段。定形尺寸和定位尺寸完整标出，只要根据所注尺寸而无需借助连接关系即可直接画出的线段，称为已知线段。如图 8-1 中*ϕ*3 的圆、*R*24 右端 *R*5 的圆弧和长度为 8 的直线段等。

（2）中间线段。缺少一个定位尺寸，必须借助于与其他相邻线段间的一个连接关系才能画出的线段，称为中间线段。例如，图 8-1 中 *R*24 的圆弧，缺少竖直方向的定位尺寸，需要借助与右端 *R*5 圆弧相内切的连接关系画出。

（3）连接线段。缺少两个定位尺寸，必须借助与其他相邻线段间的两个连接关系才能画出的线段。例如，图 8-1 中中间部分 *R*5 的圆弧，水平和竖直两个方向的定位尺寸均未知，需

要借助其与 $R10$ 圆弧和 $R24$ 圆弧相外切的两个连接关系才能画出。

3．平面图形的画法

画平面图形时，应在尺寸分析和线段分析的基础上，先画出已知线段，再画出中间线段，最后画出连接线段。图 8-1 所示手柄的作图步骤如图 8-2 所示。

（1）画基准线、定位线，如图 8-2（a）所示。

（2）画出已知线段，如图 8-2（b）所示。

（3）画出各条中间线段，如图 8-2（c）所示。

（4）最后画连接线段，如图 8-2（d）所示。图线经整理后可得到如图 8-1 所示图形。

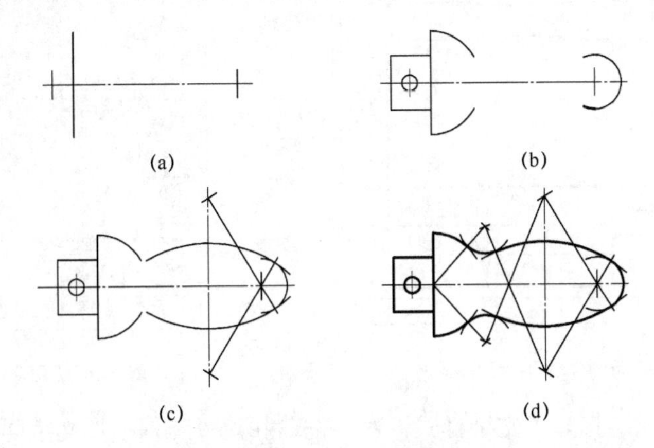

图 8-2　平面图形的作图步骤

（a）画中心线、基准线；（b）画已知线段；（c）画中间线段；（d）画连接线段。

4．平面图形的尺寸标注

标注平面图形的尺寸时，要求做到正确、完整。正确是指所标注的尺寸界线、尺寸线及箭头、尺寸数字及符号要符合国家标准关于尺寸标注的有关规定，完整是指尺寸要符合图形的形状特点，不遗漏、不多余，即按照所注尺寸既能完整地画出整个图形又没有多余不用或产生矛盾的尺寸。

8.2　用 AutoCAD 绘制平面图形

用 AutoCAD2012 绘制平面图形时，应先对图形进行线段分析，确定图形的已知线段、中间线段和连接线段，再确定画图的顺序。下面以例 8-1 及例 8-2 为例，说明利用 AutoCAD 软件建立样板文件及绘制平面图形的方法和步骤。

例 8-1　制作 A4 图幅的绘制机械图样的样板文件，采用如图 8-3 所示留有装订边的图框格式。

分析：要制作 A4 图幅的绘制机械图样的样板文件，需要对图纸幅面、绘图单位、图层、文字、标注样式等进行设置，并保存后缀为“.dwt”的样板文件。

操作步骤如下：

（1）运行 AutoCAD 软件，单击新建文件，得到空白文档。

（2）绘图环境设置。

① 设置图纸幅面。在命令行中输入“Limits”命令，设置图形界限的左下角坐标为（0，0），右上角坐标为（210，297）。

② 设置绘图单位。在命令行中输入 Units，在弹出的“图形单位”对话框中，设置图形单位的长度类型为小数，精度为 0.0，角度类型为十进制度数，精度为 0.0；插入时的缩放单位为 mm，如图 8-4 所示。

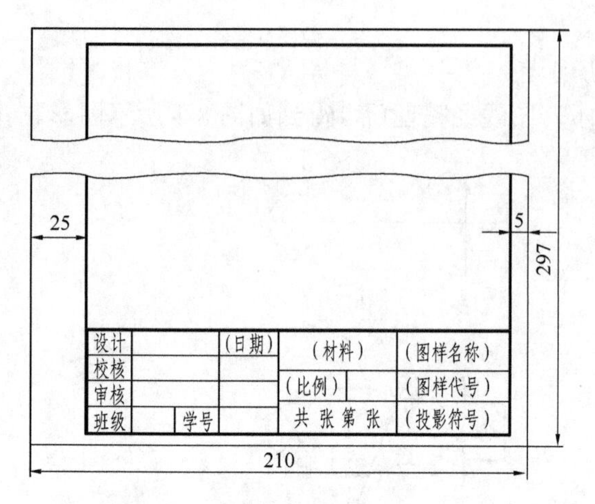

图 8-3　A4 幅面样本文件图框格式

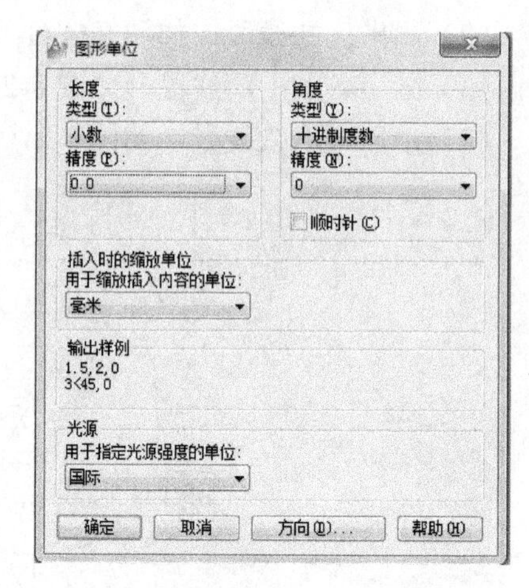

图 8-4　“图形单位”对话框

③ 设置文字样式。打开“文字样式”对话框，新建“工程字”文字样式，设定高度为 5，字体选择“gbenor.shx”，勾选“使用大字体”，并选择大字体为“gbcbig.shx”，单击“应用”按钮即可。新建“尺寸标注”文字样式，并设定高度为 3.5，字体为“gbeitc.shx”，如图 8-5 所示。

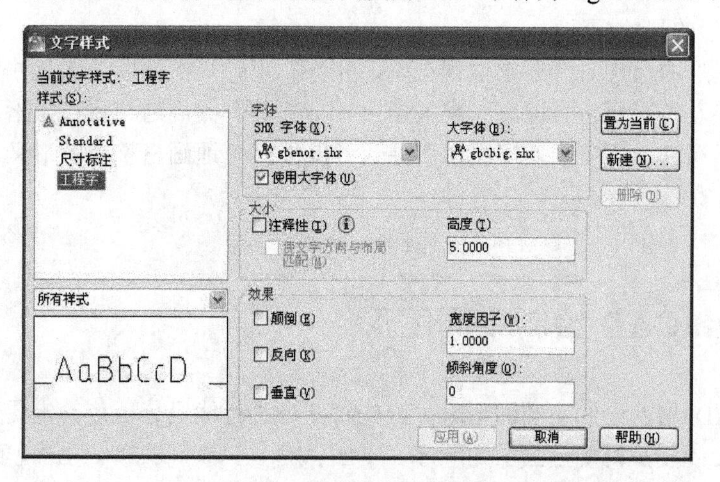

图 8-5　“文字样式”对话框

④ 设置标注样式。必须按照国家标准关于尺寸标注的规定来进行设定。打开“标注样式管理器”，单击“新建”按钮，在“创建新标注样式”对话框中设定新样式名为“机械”，如图 8-6 所示。单击“继续”按钮进入“机械样式设定”对话框，如图 8-7 所示。设定“直线”选项中基线间距为“5”，超出尺寸线为 2，起点偏移量为“0”，其他设置不变，仍为默认设置。设定“符

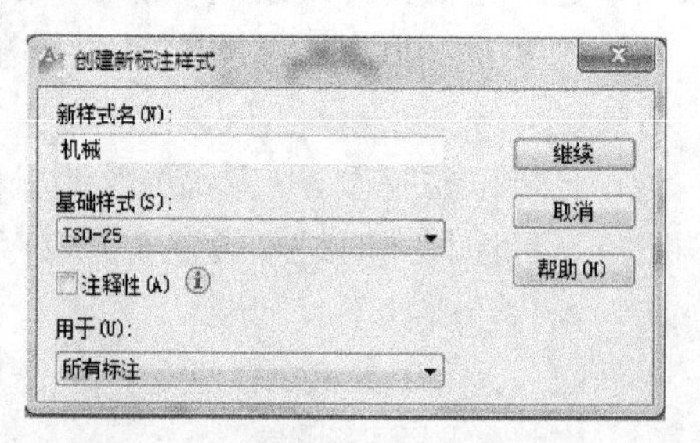

图 8-6　创建“机械”标注样式

号和箭头”选项中箭头大小为 1.5，其他设置不变，仍为默认设置。设定“文字”选项中文字样式为“尺寸标注”，文字对齐方式设为“与尺寸线对齐”或“ISO 标准”，其他设置不变，仍为默认设置。“调整”选项中的各设置不变，仍为默认设置。设定“主单位”选项中单位格式为“小数”，精度为“0.0”，小数分隔符为“.”（句点），其他设置不变，仍为默认设置。“换算单位”和“公差”选项不做设定。单击“确定”按钮，返回“标注样式管理器”，单击“置为当前”按钮，将“机械”标注样式置为当前标注样式。设定后的“标注样式管理器”对话框显示如图 8-8 所示。

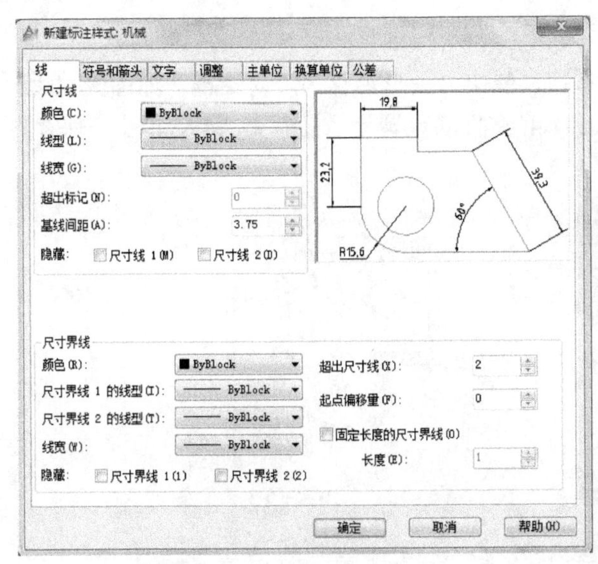

图 8-7　设置“机械”标注样式

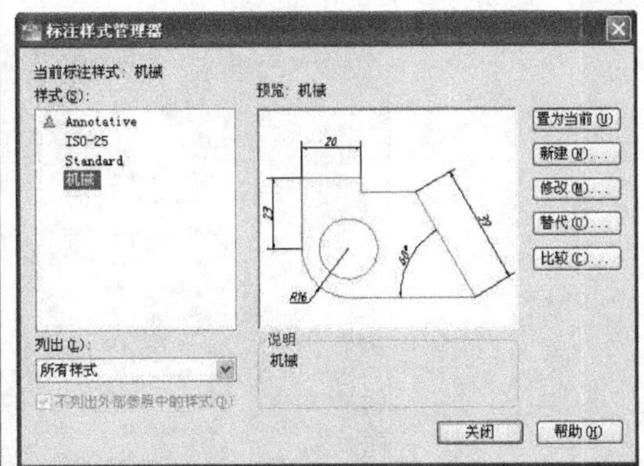

图 8-8　完成“机械”标注样式设置

⑤ 设置图层。单击图层工具栏中的“图层特性管理器”图标后，在“图层特性管理器”对话框中设置图层，图层名称、线型、线宽、颜色设定如图 8-9 所示。

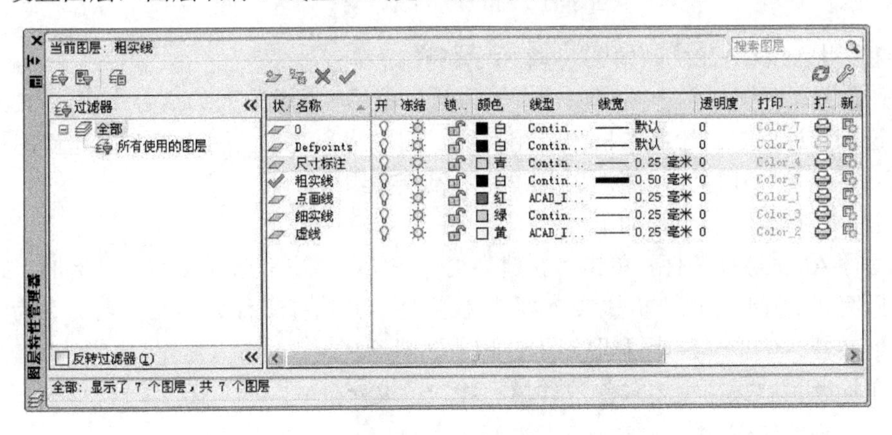

图 8-9　图层设置

（3）绘制图框和标题栏。

① 绘制图框。在细实线层，用矩形命令，设定左下角坐标（0，0），右上角坐标（210，297）画出图幅边界线；在粗实线层，用矩形命令，设定左下角坐标（25，5），右上角坐标（205，292）画出图框线。

② 绘制标题栏。标题栏的尺寸规格如图 8-10 所示。绘制标题栏可以采用偏移命令画平行线的方法或绘制矩形、直线等多种方式，并在标题栏中填写相应的文字。

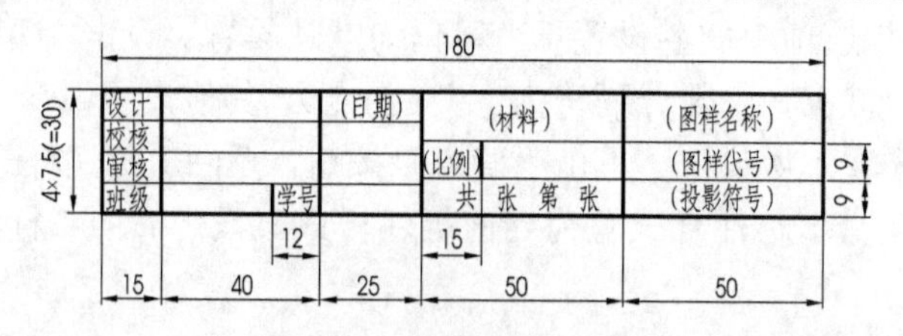

图 8-10 标题栏的尺寸规格

（4）保存为样板文件。单击“另存为”按钮，弹出“图形另存为”对话框，如图 8-11 所示。将文件类型设为 AutoCAD 图形样板（*.dwt），文件名设置为“机械类 A4”，单击“保存”按钮，完成样板文件的制作。

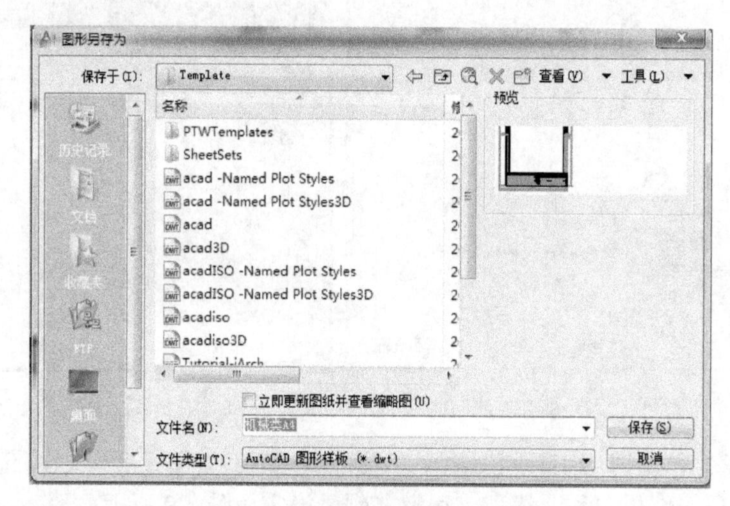

图 8-11 “图形另存为”对话框

例 8-2 用 AutoCAD 绘制如图 8-12 所示图样。

分析：题图所示图样包含图框和一个平面几何图形。图框幅面为 A4，图框格式为留有装订边，并绘制有标题栏。绘制图框涉及粗实线、细实线和文本。图中的平面几何图形涉及细点画线、粗实线及尺寸标注，图形由直线和圆弧连接组成。

由以上分析得出绘图步骤如下。

（1）运行 AutoCAD 软件，单击“新建”文件按钮，弹出“选择文件”对话框，如图 8-13 所示，选择例 8-1 所制作的“机械类 A4”样板文件，并选择文件夹和文件名另存为“*.dwg”形式的图形文件，例如“E/计算机绘图作业/平面图形练习”。

（2）在标题栏中按图中要求修改并填写相应的文字。

（3）绘制平面图形。

① 绘制已知线段和圆弧。

a. 在细点画线层，正交状态下，用直线命令画出竖直细点画线和一条水平细点画线，再用偏移命令画出另外两条相距 52 的水平细点画线。用圆弧命令，并在对象捕捉状态下捕捉交点为圆心，画出 *R*23 的圆弧；用构造线命令画出倾角为 45° 的射线，并用打断命令取适当的长度。经以上操作可得出如图 8-14（a）所示图形。

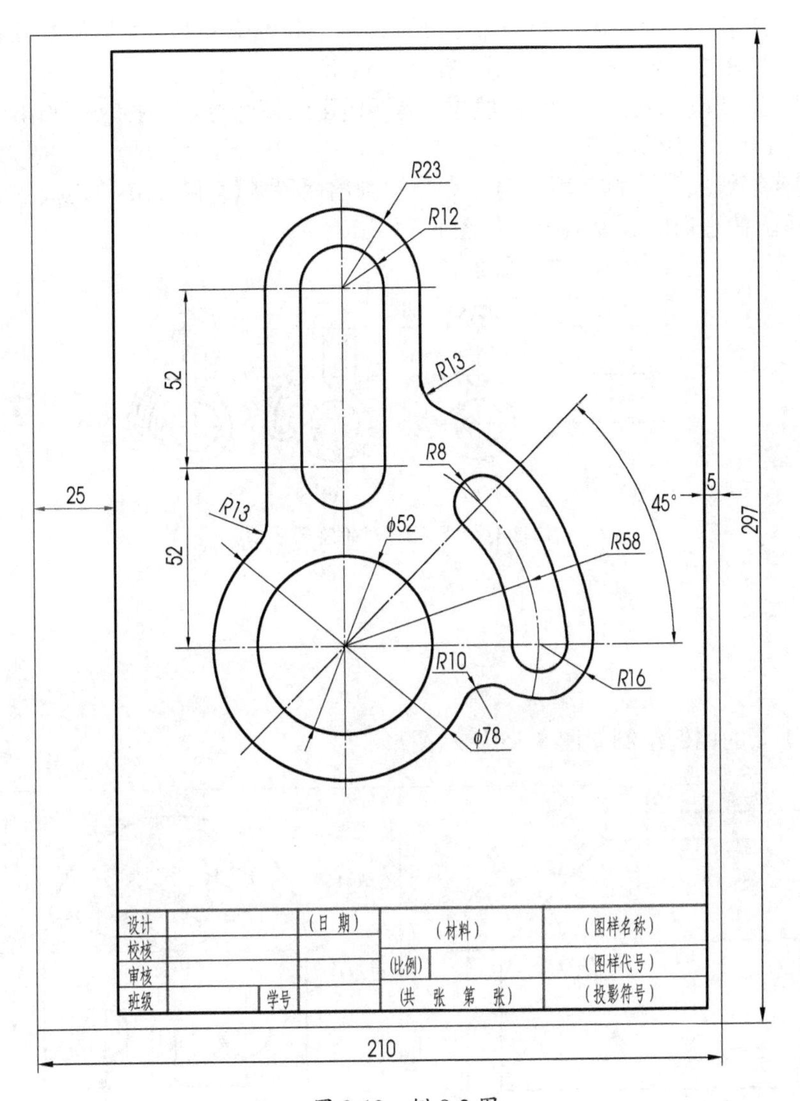

图 8-12 例 8-2 图

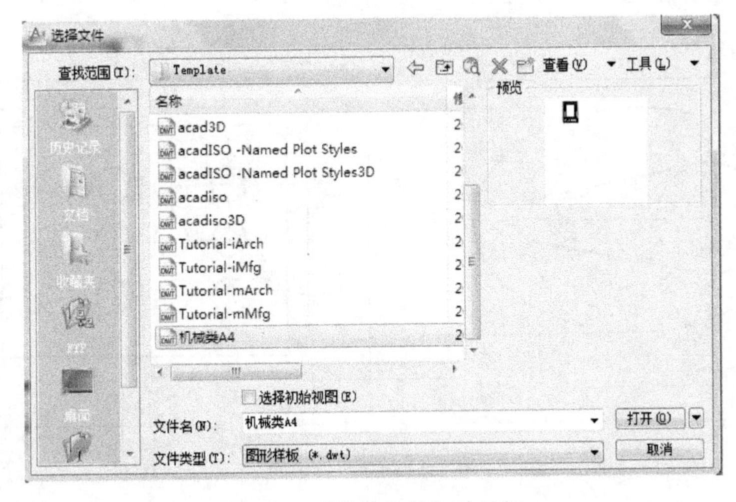

图 8-13 “选择文件”对话框

b. 在粗实线层，用圆弧命令和圆命令分别绘制已知圆弧和圆，它们的半径和直径分别为 *R*23、*R*12、*R*8、*R*16、ϕ52 和 ϕ78，如图 8-14（b）所示。

② 绘制中间线段和圆弧。在粗实线层，灵活运用绘图命令和捕捉功能画出中间圆弧和直线段，如图 8-14（c）所示。

③ 绘制连接线段和圆弧。用圆角命令分别画出两段 *R*13 和 *R*10 的连接圆弧，再对细点画线进行打断，使它们的长度适中，如图 8-14（d）所示。

④ 标注尺寸，完成全图，如题图 8-12 所示。

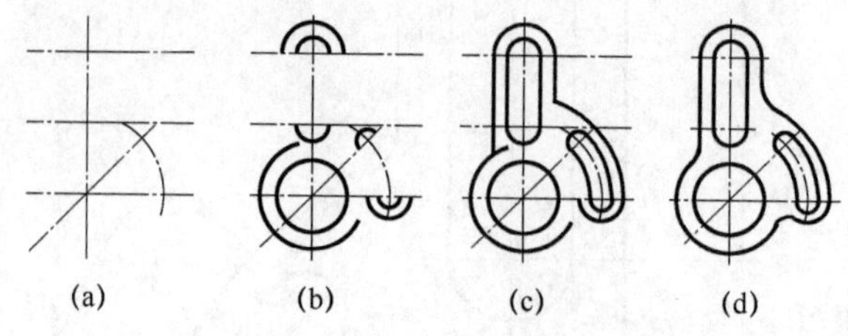

图 8-14 平面图形的绘图步骤

习 题

8-1 按 1:1 的比例绘制如图 8-15 所示图形。

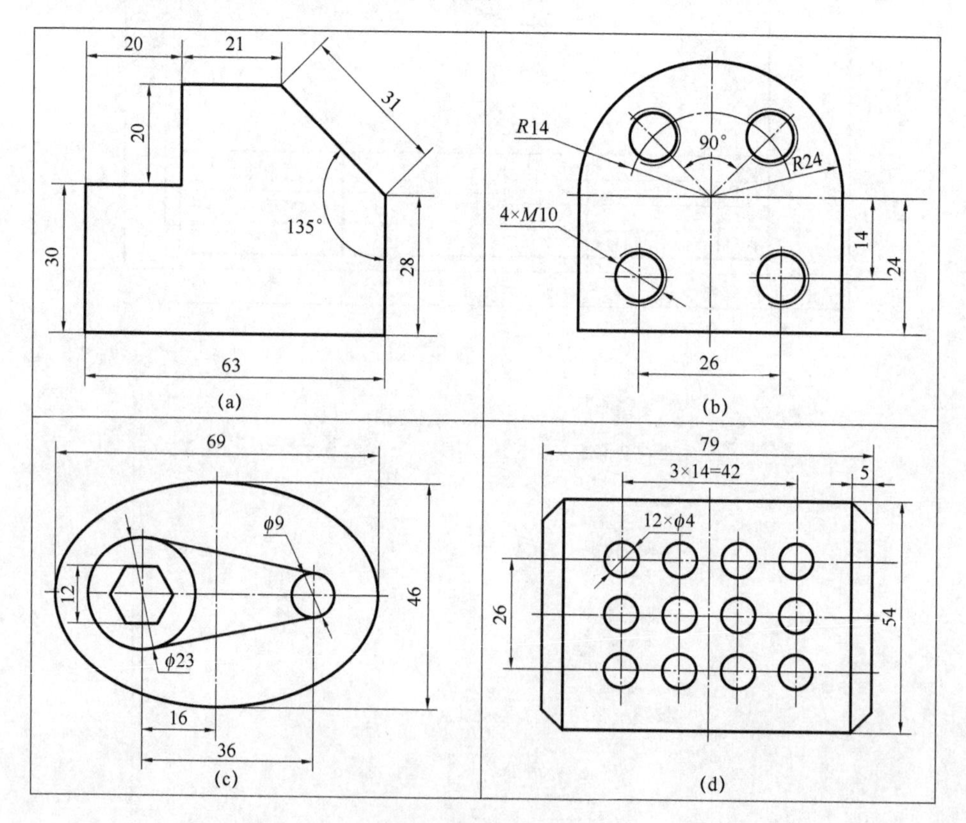

图 8-15 习题 8-1 图

8-2　运用 AutoCAD 软件，按 1:1 的比例绘制如图 8-16 所示图形，并标注尺寸。

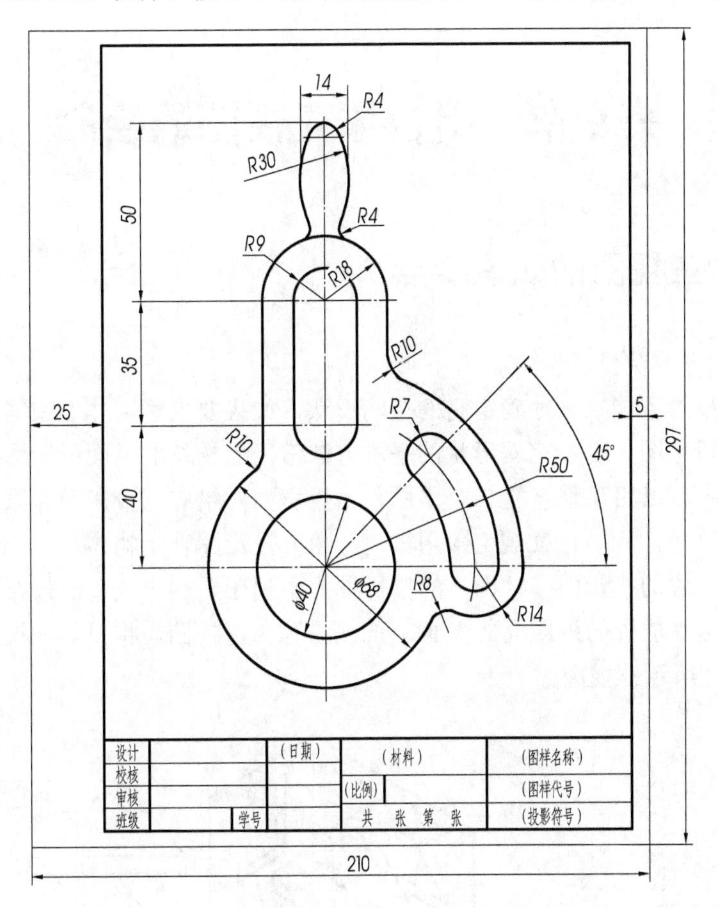

图 8-16　习题 8-2 图

第 9 章　组合体三视图的绘制

9.1　组合体三视图的知识要点

1．三视图的形成及投影规律

物体的一个投影不能唯一地确定它的空间形状，如果要表达物体的空间真实形状，工程上多采用多面正投影图。表示空间形状的基本方法常采用物体的三面投影图。

如图 9-1 所示，以相互垂直的 3 个平面作为投影面，组成三投影面体系。三投影面体系将空间分成 8 个分角，我国标准规定采用第一分角的投影图表示物体。

物体在正立放置的投影面（V 面）的投影称为主视图，水平放置的投影面（H 面）的投影称为俯视图，侧立放置的投影面（W 面）的投影称为左视图。将投影面展开后，去掉投影轴，得到如图 9-2 所示三视图。

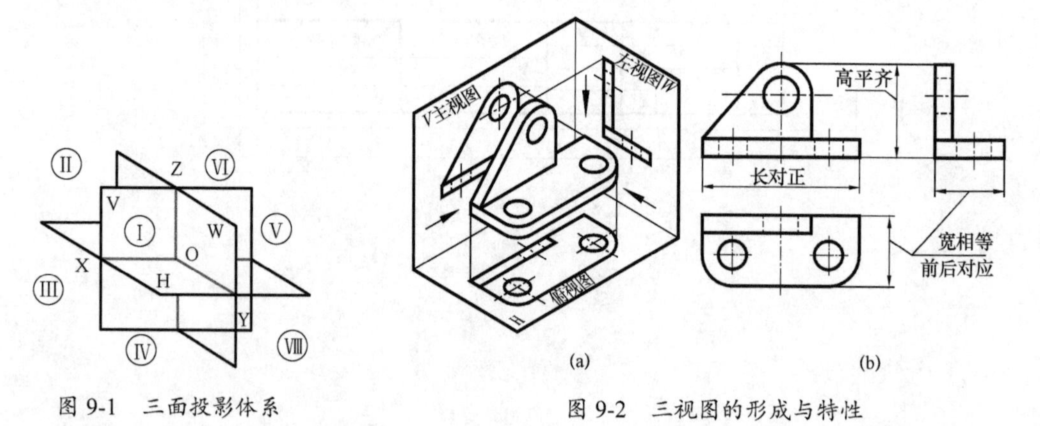

图 9-1　三面投影体系　　　　图 9-2　三视图的形成与特性

2．组合体三视图的投影规律

由投影面展开后的三视图可以看出：主视图反映立体的长和高；俯视图反映立体的长和宽；左视图反映立体的高和宽。组合体三视图的投影规律为：主视图与俯视图“长对正”；主视图与左视图“高平齐”；俯视图与左视图“宽相等”。此投影规律也称“三等”规律。

9.2　组合体的三视图绘制

任何复杂的机械零件，从形体角度看，都是由一些简单的平面体和曲面体通过一定的组合形式构成的。我们将这些类似机械零件的物体称为组合体。

9.2.1 组合体的组合方式

组合体的组合方式有叠加、切割及既有叠加又有切割的综合式。如图 9-3 所示。

（1）叠加。图 9-3（a）所示组合体可以认为由圆柱 1 和底板 2（长方体）两个简单体叠加而成。

（2）切割。图 9-3（b）所示组合体可以认为由一个长方体 1 切割了形体 2、3（三棱柱）和圆柱 4 而构成的。

（3）综合式。图 9-3（c）所示组合体则既有叠加又有切割的方式。

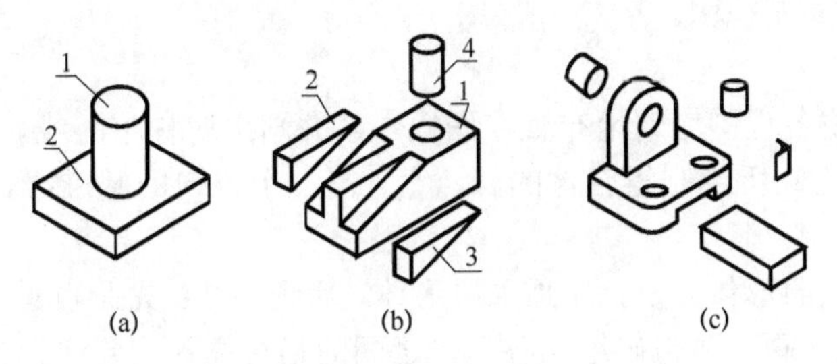

图 9-3 组合体的组合方式

9.2.2 组合体相邻表面的连接关系

画组合体三视图时，只有通过形体分析，搞清各组成部分的组合形式及相邻表面的连接关系，想象出物体的整体结构形状，才能不多线、不漏线，按正确的作图方法和步骤画出组合体三视图。组合体相邻表面的连接关系有 4 种情况，如表 9-1 所列。

表 9-1 组合体相邻表面的连接关系

连接方式	立体图	画法	注释
表面平齐			两形体表面平齐时，构成一个完整的平面，画图时不可用线隔开。
表面不平齐			两形体表面不平齐时，两表面投影的分界处应用粗实线隔开。
表面相切			相切的两个形体表面光滑连接，相切处无分界线，视图上不应该画线。
表面相交			两形体表面相交时，相交处有分界线，视图上应画出表面交线的投影。

9.2.3 画组合体视图

画组合体视图时应根据组合体的不同形成方式采用不同的画法。一般，以叠加为主形成的组合体，多采用形体分析法来画图，并且应注意相邻表面的连接关系；以切割为主形成的组合体，多根据切割顺序来画图。画图步骤如下：

（1）形体分析。

（2）视图选择。首先选择主视图，选主视图的原则：最能反映组合体的形体特征；考虑组合体的自然安放位置；在俯、左视图上尽量减少虚线。

（3）选择比例、布置视图。

（4）画图。

① 布置视图　将各视图均匀地布置在图幅内，并画出对称中心线，轴线和定位线。

② 画基准线　绘制所绘制组合体的长、宽、高三个方向的基准线，以便确定三视图的位置。

③ 画图顺序　按照形体分析，先画主要形体，后画细节；先画可见的，后画不可见的图线。将各视图配合起来画；要正确绘制各形体之间的相对位置；要注意各形体之间表面的连接关系。

9.2.4 组合体尺寸标注

1．尺寸标注的基本规则

（1）图样上所注的尺寸数值应为零件的真实大小，与绘图的比例及准确度无关。

（2）图样中的尺寸以毫米为单位时，不需标注其单位的代号或名称；若采用其他单位，则必须注明相应单位的代号或名称。

（3）图样中所注尺寸应为该图样所示机件的最后完工尺寸，否则需另加说明。

（4）每个尺寸，在图样上一般只可标注一次，并应注在最能反映其特征的图形上。

2．组合体的尺寸标注要求

组合体的真实大小由视图上标注的尺寸数值来确定。标注时必须正确、完整、清晰、合理，做到认真、细致、无误。

3．组合体的尺寸分类

定形尺寸：确定各形体的形状大小的尺寸。

定位尺寸：确定各形体间相对位置的尺寸。

总体尺寸：确定组合体外形总体轮廓大小的长、宽、高等尺寸。

4．组合体的尺寸基准

标注（或测量）定位尺寸的起点称为尺寸基准。在组合体的长、宽、高 3 个方向都应至少有一个基准（主要基准）。通常以组合体上较大或较重要的底面、端面、回转面轴线和形体对称面等作为基准。

5．组合体标注尺寸的步骤

（1）进行形体分析。

（2）选择长、宽、高 3 个方向的尺寸基准。

（3）标注各部分形体的定形尺寸及各部分形体之间的定位尺寸。

（4）检查、调整，标注总体尺寸。

9.3　用 AutoCAD 绘制组合体三视图

用 AutoCAD 绘制组合体的三视图应符合三视图的“三等”投影规律。为了提高绘图速度，应该熟悉各种绘图命令，充分利用目标捕捉功能。

例 9-1　绘制如图 9-4（a）所示轴承座的三视图。

作图步骤如下：

（1）形体分析。如图 9-4（b）所示，把轴承座分解为五个基本形体：底板 1、圆筒 2、支撑板 3、肋板 4、凸台 5。

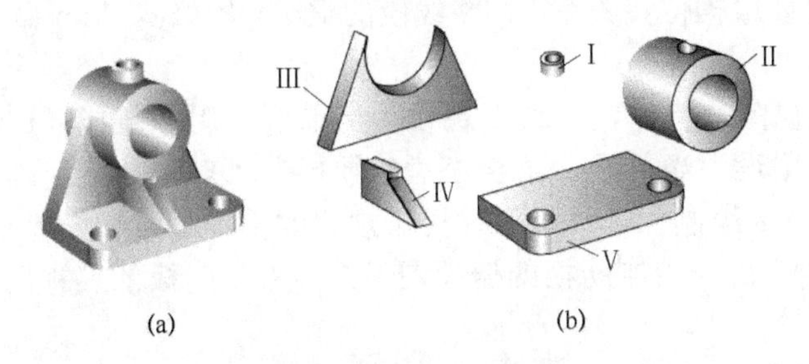

图 9-4　轴承座轴测图

（2）选择主视图。选择最能反映组合体的形状特征和各形体位置关系的视图为主视图，如图 9-5 所示，图中 *B* 向较好，*A* 向、*C* 向不能很好地体现轮廓特征，*D* 向虚线过多。

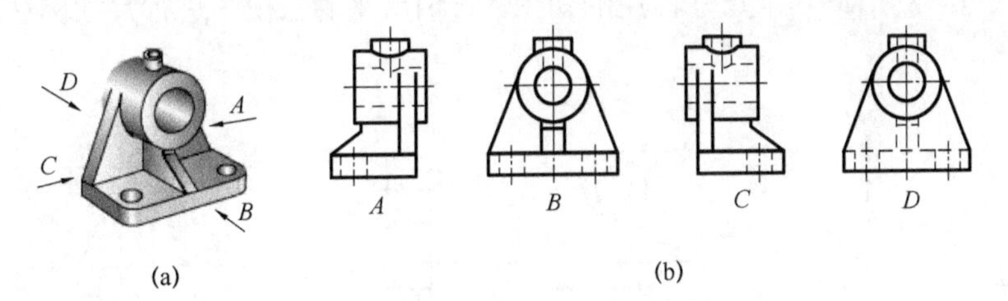

图 9-5　选择轴承座三视图的投影方向

（3）选比例、定图幅。根据组合体的大小，选择适当的比例和图幅。

（4）用 AutoCAD 绘制轴承座的三视图。

① 设置 A4 幅面样板文件，方法同第 8 章例 8-1。将文字样式、尺寸样式、单位、图层等均按国家标准规定设置，或直接调用第 8 章例 8-1 设置机械类 A4. dwt 样板文件。在“标准”工具栏单击“新建”按钮，在“选择样板”对话框中选择“机械类 A4.dwt”样板文件，单击“打开”按钮。

② 选择“文件”菜单中“另存为”命令，保存该文件为“轴承座.dwg”。

③ 绘制轴承座三视图。

a．布图、画基准线。将“0”层设为当前层，启用“正交”工具，单击“直线”命令，绘制保证“长对正，高平齐，宽相等”投影关系的基准线，如图 9-6 所示。

b．画底板的三视图。将“粗实线”层设为当前层，用“矩形（Rectang）”命令绘制底板的主视图——矩形 70×12，俯视图——矩形 70×30，左视图——矩形 30×12。用“圆（Circle）”命令绘制底板上圆孔的俯视图。

将“虚线”层设为当前层，用“直线（Line）”命令结合“对象捕捉”、“对象捕捉追踪”和“极轴追踪”绘制圆孔的主视图和左视图。将“点画线”层设为当前层，用“直线（Line）”命令绘制圆孔投影的中心线。底板三视图完成，如图 9-6（a）所示。

c．绘制圆筒。将“粗实线”层设为当前层，用“圆（Circle）”命令绘制圆筒的主视图，切换“粗实线”层、“虚线”层及“点画线”层，用“直线（Line）”命令结合“对象捕捉”、“对象捕捉追踪”和“极轴追踪”绘制圆筒的俯视图和左视图。圆筒三视图完成，如图 9-6（b）所示。

d．画支撑板的三视图。将“粗实线”层设为当前层，设置“对象捕捉模式”为“端点”和“切点”，用“直线（Line）”命令绘制支撑板的主视图，切换“粗实线”层、“虚线”层，用“直线（Line）”命令结合“对象捕捉”、“对象捕捉追踪”和“极轴追踪”绘制支撑板的俯视图及左视图。注意要根据位置关系，判断线段的虚实。用修剪 Trim 命令减去多余图线。支撑板的三视图完成，如图 9-6（c）所示。

e．画肋板的三视图。将“粗实线”层设为当前层，用“直线（Line）”命令绘制肋板的主视图，将“0”层设为当前层，结合“对象捕捉”、“对象捕捉追踪”和“极轴追踪”，用“直线（Line）”命令绘制保证“三等”投影规律的基准线。切换“粗实线”层、“虚线”层，用“直线（Line）”命令绘制肋板的俯视图及左视图。肋板的三视图完成，如图 9-6（d）所示。

f．画凸台的三视图。切换“粗实线”层、“虚线”层，用“偏移（Offset）”、“直线（Line）”、“圆（Circle）”绘制凸台的三视图，用“圆弧（Arc）”命令绘制凸台与圆筒的相贯线。凸台完成，如图 9-6（e）所示。

g．标注尺寸。利用第 6 章尺寸标注的知识，对轴承座的三视图进行尺寸标注，如图 9-6（f）所示。

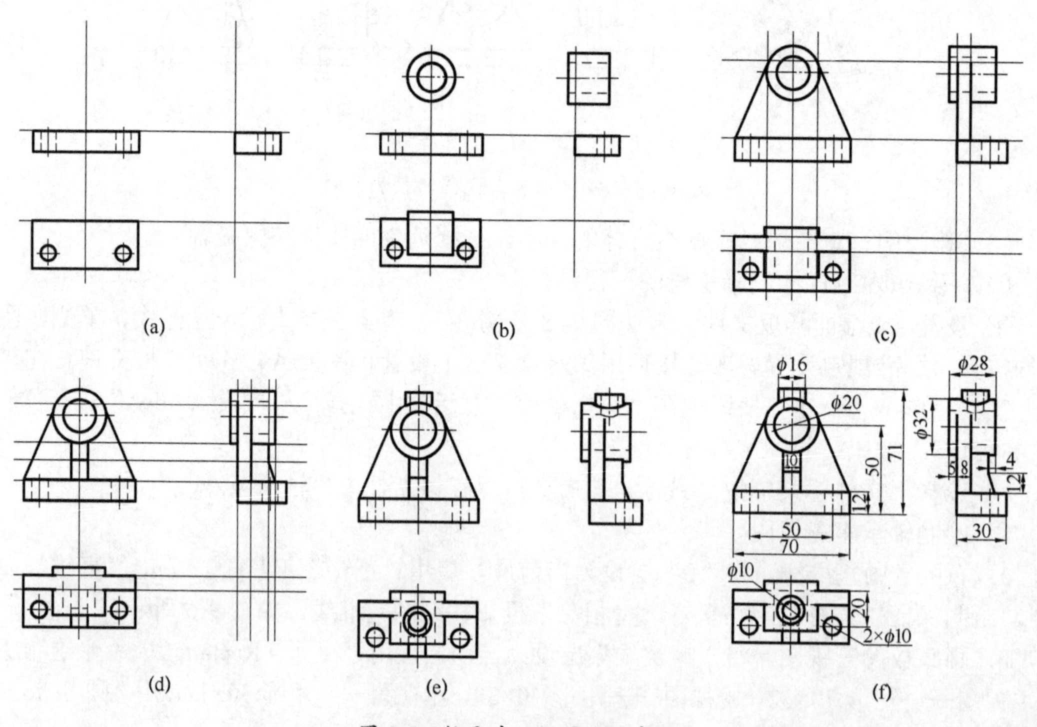

图 9-6　轴承座三视图绘图步骤

习　题

9-1　根据所给立体图（图 9-7）用 AutoCAD 绘制三视图（比例 1:1），并标注尺寸，注意主视图方向的选择。

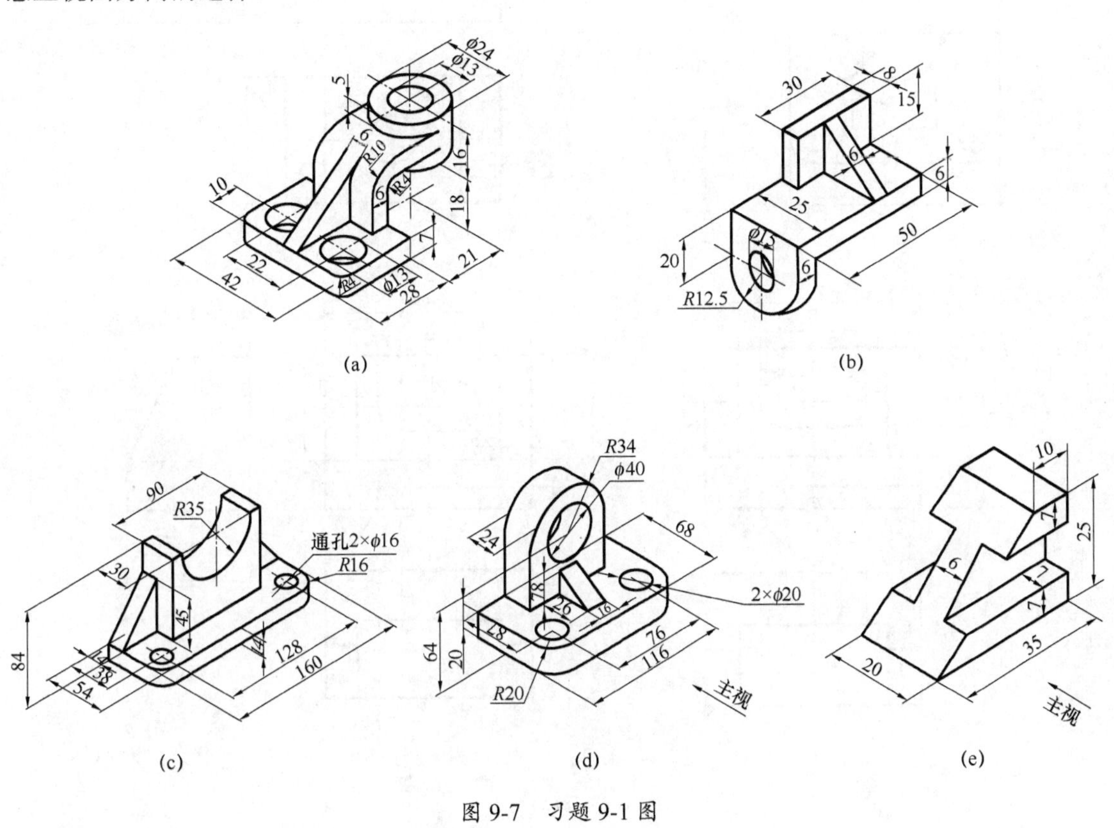

图 9-7　习题 9-1 图

9-2　用 AutoCAD 抄画下列三视图或两视图（图 9-8）（比例 1:1），并标注尺寸。

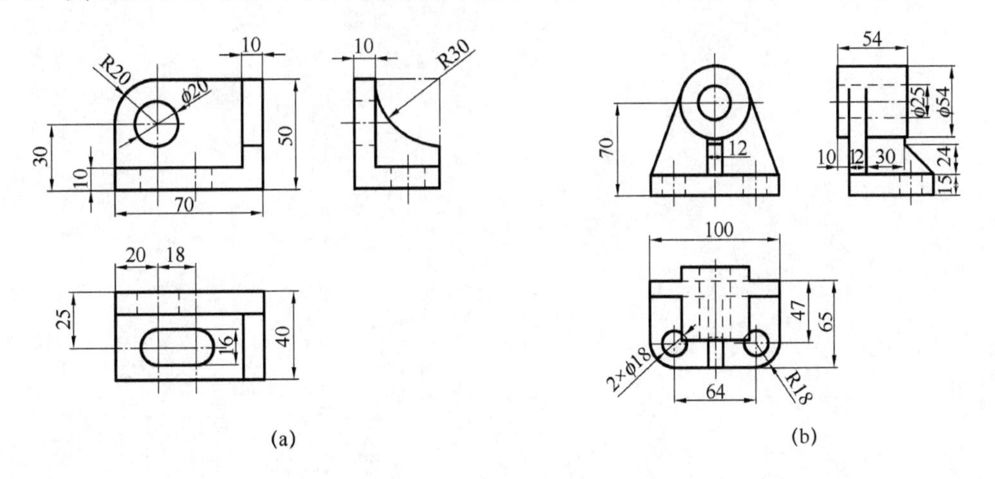

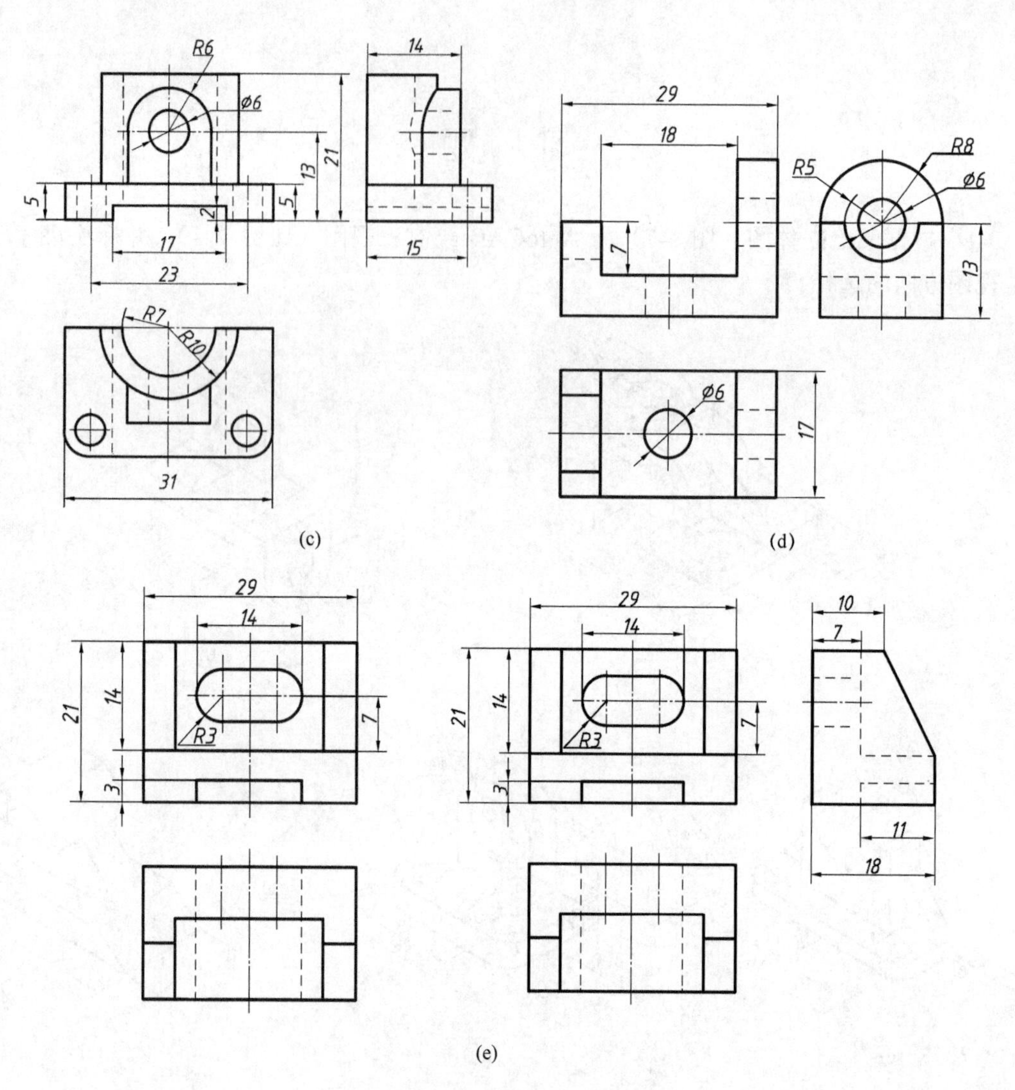
R6
ϕ6
14
21
13
5
5
2
17
23
15
R7
R10
31
(c)
29
18
R8
R5
ϕ6
7
13
ϕ6
17
(d)
29
14
21
14
7
R3
3
29
14
21
14
7
R3
3
10
7
11
18
(e)

图 9-8 习题 9-2 图

第10章　图 样 画 法

国家标准《技术制图》和《机械制图》规定了图样的各种表达方法，包括视图、剖视图、断面图、局部放大图及简化画法等。画图时应根据机件的实际结构形状特点，选用恰当的表达方法。

10.1　视图

GB/T 17451—1998《技术制图 图样画法 视图》和 GB/T 4458.1—2002《机械制图 图样画法 视图》规定了基本视图、向视图、局部视图和斜视图的画法。

1．基本视图与向视图

视图为机件向多面投影体系的各投影面作正投影所得的图形。视图主要是用于表达机件的外部结构形状。

将机件放在六面投影体系中，分别向投影面投射，得到 6 个基本视图，分别为主视图、俯视图、左视图、后视图、仰视图及右视图，如图 10-1 所示。其中主、俯、仰、后视图“长对正”，主、左、右、后视图“高平齐”，仰、左、俯、右视图“宽相等”。

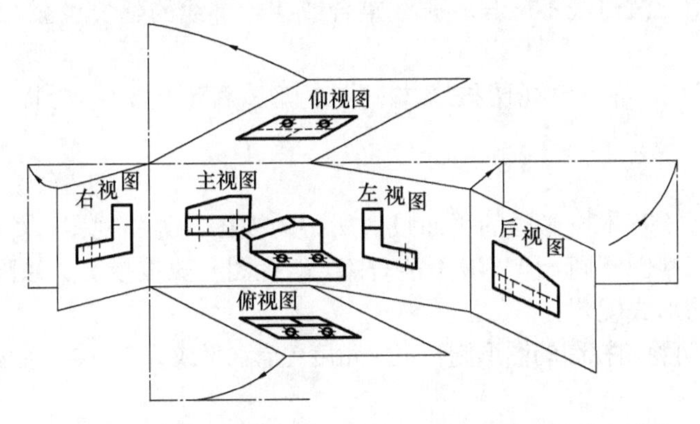

图 10-1　空间形体及其 6 个基本视图的投影及投影面展开

各视图按此图示的位置配置时，不需标注视图名称，如图 10-2 所示。

未按投影关系配置的基本视图，则需要增加标注，增加了标注的视图又称为向视图，如图 10-3 所示。

2．局部视图及斜视图

1）局部视图

局部视图是指将机件的某一部分向投影面投影所得的视图，如图 10-4 所示。

局部视图的画法：断裂边界一般用波浪线表示。当所表示部分的结构形状完整，且外轮

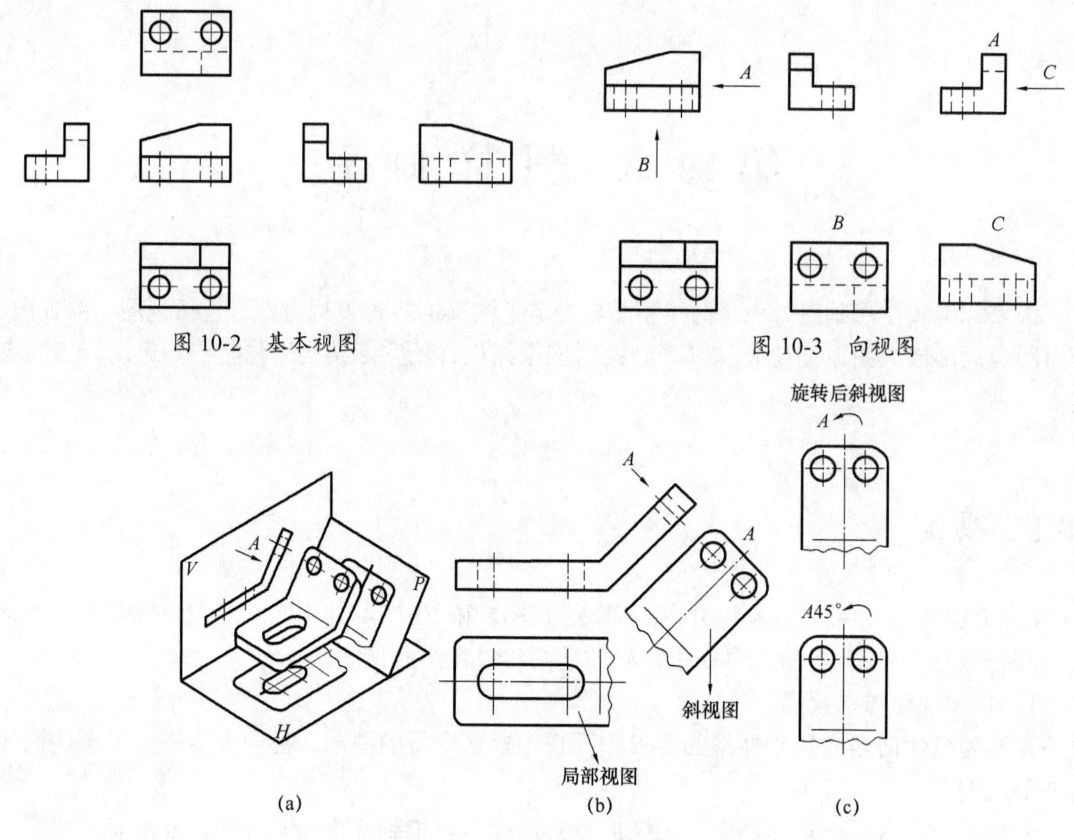

图 10-2　基本视图

图 10-3　向视图

图 10-4　局部视图与斜视图

廓线封闭时，省略波浪线。

画波浪线应注意：波浪线不应与轮廓线重合或在轮廓线的延长线上，要单独画出，不应超出机件轮廓。

局部视图的标注：当局部视图按基本视图的形式配置时，不必标注，否则同向视图标注。

2）斜视图

将机件向不平行于基本投影面的平面投射所得的视图，为斜视图，如图 10-4（a）所示。斜视图的标注与局部视图相同，但一般不能省略。斜视图一般按投影关系配置，如图 10-4（b）所示也可按向视图的形式配置。

为使画图方便，可将斜视图的图形旋转某一角度（至水平或垂直位置）后画出。如图 10-4（c）所示。

10.2　剖视图和断面图

GB/T 17452—1998《技术制图　图样画法　剖视图和断面图》和 GB/T 4458.2—2002《机械制图　图样画法　剖视图和断面图》规定了剖视图和断面图的画法。

1．剖视图

假想用剖切面剖开机件，将处在观察者和剖切面之间的部分移去，而将其余部分向投影面投射所得的图形称为剖视图，简称剖视，如图 10-5 所示。剖视图主要用来表达机件的内部结构形状。

2．剖视的种类

1）按剖切范围分类

按剖切范围不同，剖视图分为全剖视图、半剖视图和局部剖视图。

（1）全剖视图。用剖切面完全地剖开机件所得的剖视图，称为全剖视。适用于表达外形比较简单或其外形在其他视图中已表达清楚，而内部结构比较复杂的机件，如图 10-5（b）所示。

（2）半剖视图。当机件对称或基本对称且内外形状均需表达时，在垂直于对称平面的投影面上投射所得的图形，可以以对称中心线为界，一半画成剖视图，另一半画成视图，这样画出的图形称为半剖视图，如图 10-6 所示。

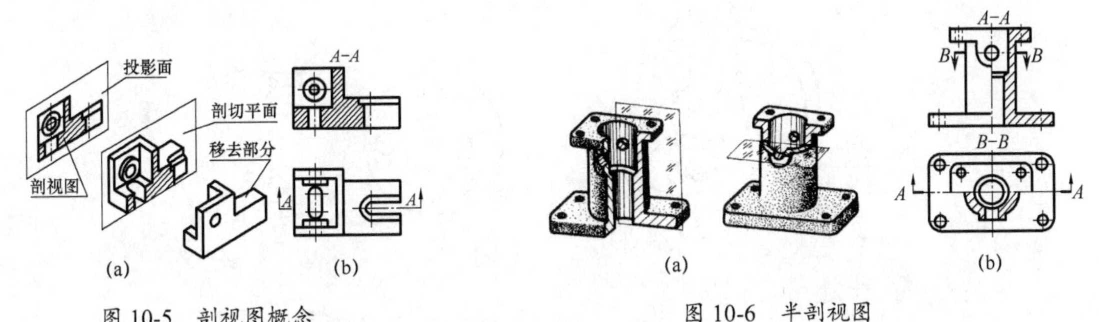

图 10-5　剖视图概念

（a）剖视图的形成；（b）剖视图的画法。

图 10-6　半剖视图

（a）半剖视图形成；（b）半剖视图的画法。

（3）局部剖视图。用剖切平面局部地剖开机件所得到的剖视图称为局部剖视图。

当机件不对称，且内外形均需表达，或机件对称中心线与机件的轮廓线重合而不能采用半剖以及轴、手柄等实心杆件上的孔、键槽等，均可采用局部剖视来表达机件，如图 10-7 所示。

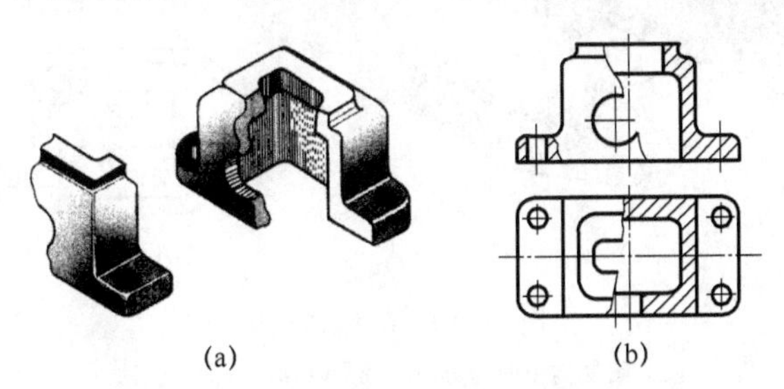

图 10-7　局部剖视图

（a）局部剖视图的形成；（b）局部剖视图的画法。

局部剖视图与视图以波浪线为界。波浪线必须画在机件的实体上，且不允许与图形中的图线重合或画在它们的延长线上，也不允许超出机件轮廓线之外。

由于机件的形状结构千差万别，因此画剖视图时必须根据机件的结构特点，选用不同剖视图和不同的剖切面，才能使其形状结构得到充分的表达。

2）按剖切位置和数量分类

按剖切面的位置和数量不同，剖切面分为单一剖切平面、几个平行的剖切平面和几个相交的剖切平面。图 10-8、图 10-9、图 10-10 所示为斜剖视图、旋转剖视图、阶梯剖视图。

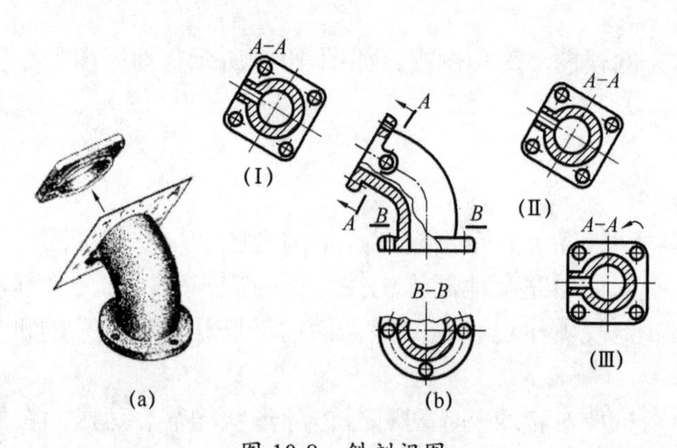

图 10-8　斜剖视图

（a）斜剖视图的形成；（b）斜剖视图的画法。

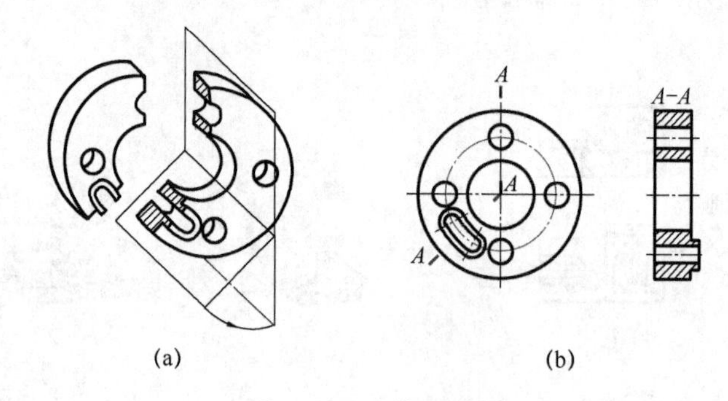

图 10-9　旋转剖视图

（a）旋转剖视图的形成；（b）旋转剖视图的画法。

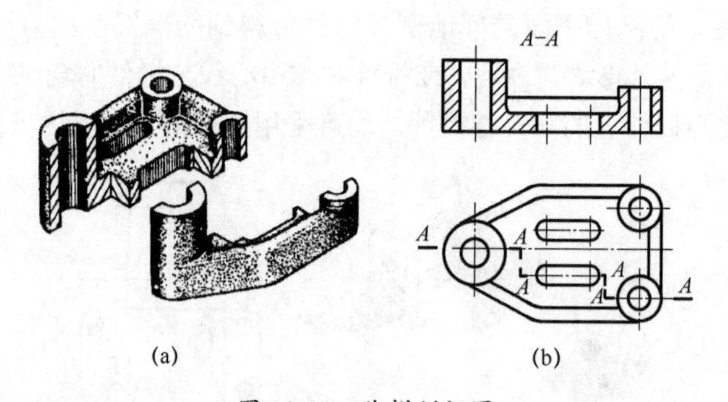

图 10-10　阶梯剖视图

（a）阶梯剖视图的形成；（b）阶梯剖视图的画法。

10.3　断面图

假想用剖切平面将机件某处切断，仅画出剖切平面与物体接触部分的图形，称为断面图，简称断面，如图 10-11 所示。

断面图常用来表示机件上某一局部的断面形状，例如机件上的肋、轮辐、轴上的键槽、小孔和型材等的断面形状。

断面图可分为移出断面图和重合断面图两种。其概念、画法及标注如表 10-1 所列。

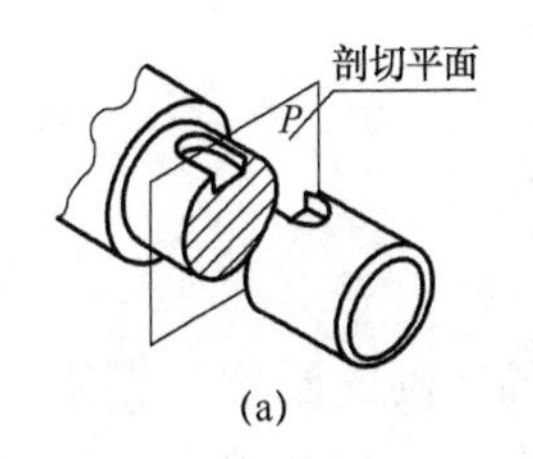

(a)

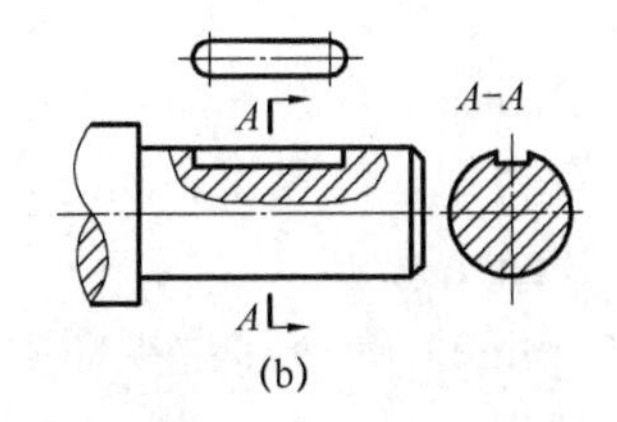

(b)

图 10-11　断面的基本概念

（a）断面的形成；（b）断面图的画法。

表 10-1　断面图的表达要求

类别	移出断面图	重合断面图
概念	画在视图外的断面图	画在视图内的断面图
画法	（1）移出断面图的轮廓线用粗实线绘制。 （2）移出断面图一般配置在剖切平面迹线的延长线上。 （3）当断面的图形对称时，可将断面图画在视图的中断处。 （4）当剖切平面通过回转面形成的孔或凹坑的轴线时，这些结构按剖视图绘制。 （5）当剖切平面通过非圆孔，会导致出现完全分离的两个断面时，这些结构也按剖视图绘制	重合断面图的轮廓线用细实线绘制。当视图中的轮廓线与重合断面图的图形重叠时，仍按视图的轮廓线画出，不可间断
标注	（1）配置在剖切符号延长线上的不对称移出断面可省略字母。 （2）不配置在剖切符号延长线上的对称移出断面和按投影关系配置的移出断面，均可省略箭头。 （3）配置在剖切符号延长线上的对称移出断面，以及配置在视图中断处的移出断面，均可省略标注	对称的重合断面不需要标注，不对称的重合断面可以省略字母但需要标注剖切符号及箭头
样例	A A A-A B B B-B	

10.4　用 AutoCAD 绘制剖视图和断面图

用 AutoCAD 绘制剖视图和断面图其实就是在原来绘制组合体三视图的基础上，利用 AutoCAD 提供的图案填充（Bhatch）命令将剖面区域填充上剖面线即可。

例 10-1　绘制图 10-12 所示的轴承座剖视图。

图形分析：主视图采用局部剖表达底板上孔的深度，俯视图和左视图采用全剖视图。其中俯视全剖视图中的剖切位置在主视图中表示。

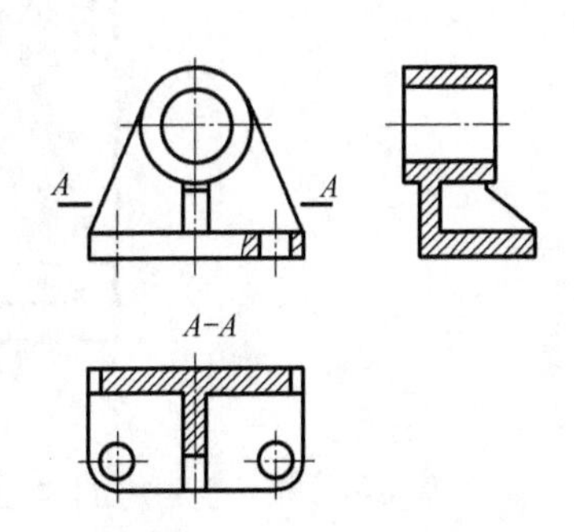

图 10-12　轴承座剖视图

作图步骤如下。

（1）设置 A4 幅面样板文件，方法同第 8 章例 8-1，或直接调用第 8 章例 8-1 设置的机械类 A4.dwt 样板文件。

（2）按投影关系绘制轴承座剖视图。如图 10-13（a）所示，具体作图过程与第 9 章例 9-1 中所绘组合体的三视图类似，这里不再赘述。

（3）图案填充（Bhatch）。

先用样条曲线（Spline）命令在主视图中画出局部剖的断裂边界线，并且进行修剪，如图 10-13（a）所示。然后调用图案填充（Bhatch）命令，进行填充，如图 10-13（b）所示。

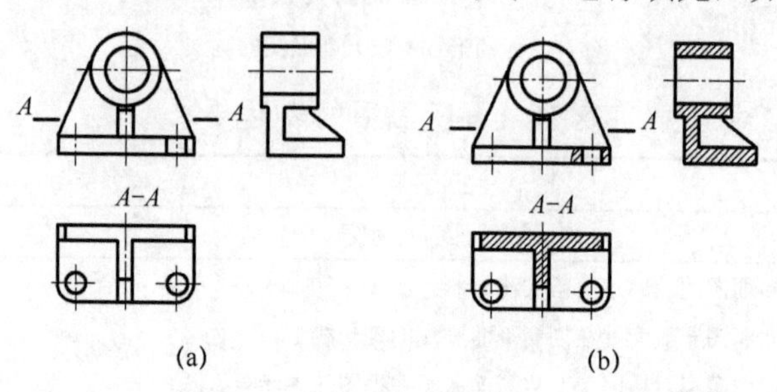

图 10-13 剖面线的填充

注意：在 AutoCAD 2012 中调用图案填充（Bhatch）命令，在命令行里会出现如下提示：拾取内部点或 [选择对象（S）/设置（T）]：输入“t”并且回车，弹出“图案填充和渐变色”对话框，作如下设置，选择图案（P）为“ANSI31”，角度为“0”，比例为“1”，其他选择项不变，如图 10-14 所示。

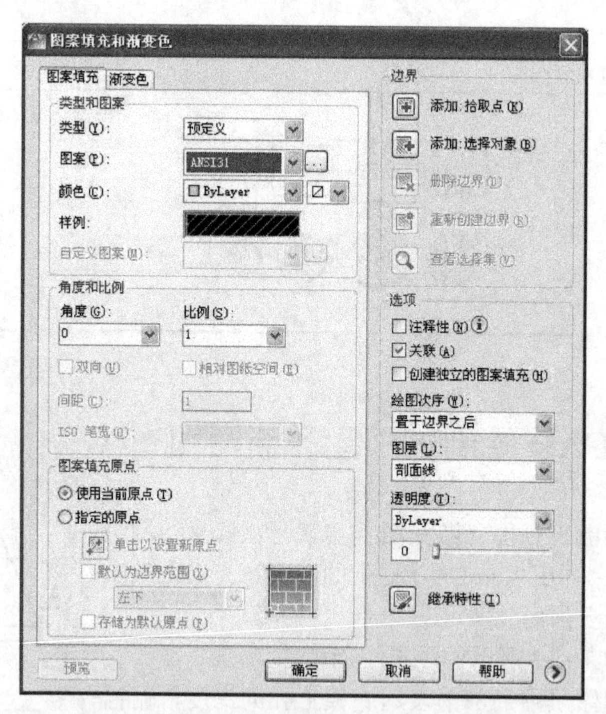

图 10-14 “图案填充和渐变色”对话框

单击对话框右上角的“添加：拾取点”按钮，用光标单击要填充区域内部某点，回车即可填充剖面线。这里要注意我国国家标准规定的“金属材料”的剖面线图案为“ANSI31”，如剖面线出现太密或太疏，则双击剖面线再次回到“图案填充和渐变色”对话框，修改“比例”

值的大小。如果太密则需改大其值，太疏则改小其值。

完成操作。

例 10-2 用 AutoCAD 绘制图 10-15 所示轴的零件图。

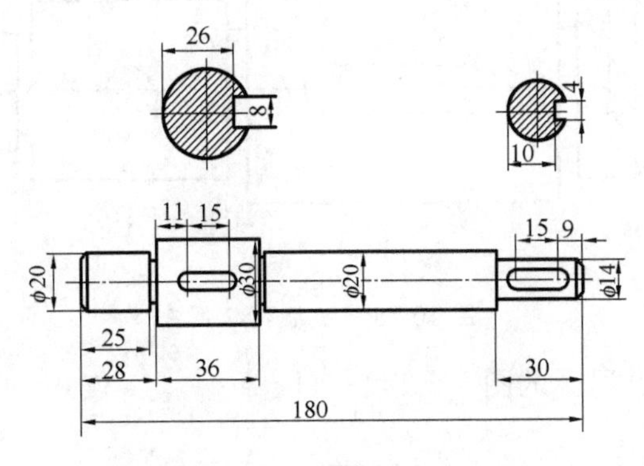

图 10-15 轴的零件图

作图步骤：

（1）调用例 10-1 所用“机械类 A4”样板文件。线型为“Continuous”线宽为“0.25”颜色为“蓝色”，给剖面线单独设置一个图层。

（2）按照尺寸绘制图形的轴线、轮廓线及断面区域，如图 10-16（a）所示。

（3）填充剖面线，如图 10-16（b）所示。

（4）标注尺寸，完成操作。

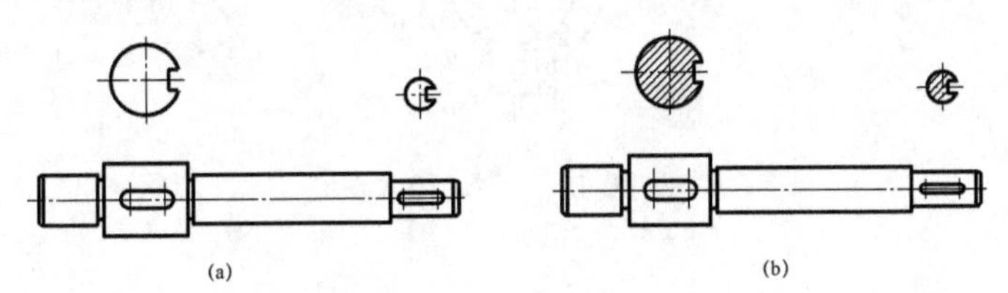

图 10-16 断面图的作图步骤

习 题

10-1 按 1:1 比例抄画形体的两个视图，补画其半剖的左视图，如图 10-17 所示。

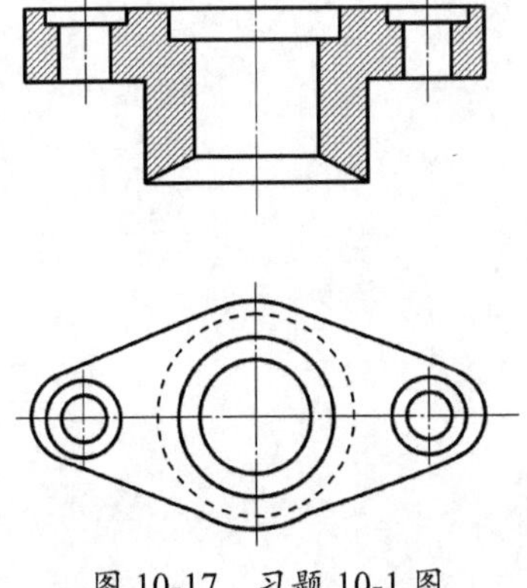

图 10-17 习题 10-1 图

10-2　按 1:1 抄画如图 10-18 所示视图，并补画给定位置的断面图。(尺寸从图中量取)

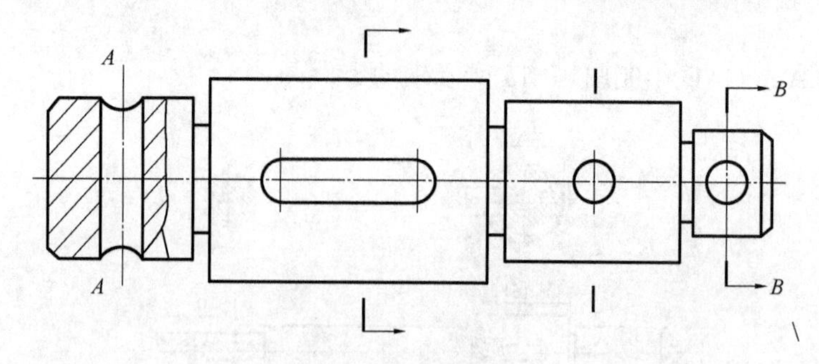

图 10-18　习题 10-2 图

10-3　抄画如图 10-19 所示的图形。(尺寸自定)

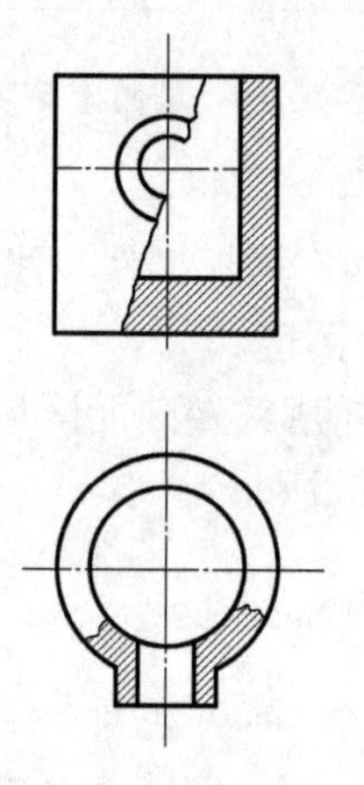

图 10-19　习题 10-3 图

第 11 章　图块的应用

AutoCAD 可以将逻辑上相关联的一系列图形对象定义成一个整体，称为块。AutoCAD 将图块作为一个独立的、完整的对象来操作。用户可以根据作图需要用图块名将该组对象按给定的比例因子和旋转角度插入到图中指定位置；也可以对整个图块进行复制、移动、旋转、比例缩放、镜像、删除等操作。

11.1　图块的创建

AutoCAD 创建的块分两种，一种是“内部块”，用 Block 命令将当前图形创建成块，只能在当前图形文件内部插入。另一种是“外部块”，用 Wblock 命令将当前图形创建成块并在磁盘中保存为“*.dwg”的图形文件，利用块插入命令可以在任何图形文件中插入。

1. 创建内部块

执行 Block 命令有 3 种方式。

（1）在菜单栏中选择“绘图”→“块”→“创建”。

（2）在功能区选项板中选择“常用”选项卡，在“块”面板中单击“创建”按钮。

（3）在命令行直接输入 Block。

弹出“块定义”对话框，如图 11-1 所示。

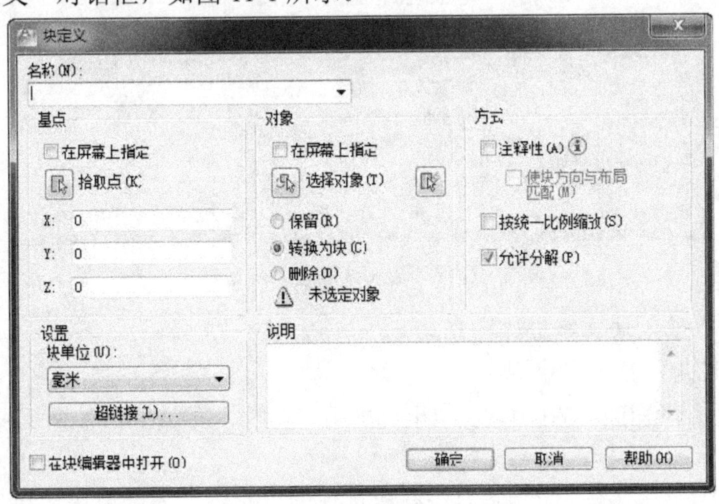

图 11-1　“块定义”对话框

对话框中各选项的功能如下。

“名称”：在该框中输入块名。单击右边的下拉按钮，显示已定义的块。

“基点”：指定块的插入基点。用户可以直接在“X”、“Y”、“Z”3 个文本框输入基点坐标；也可以单击“拾取点”按钮，则切换到绘图窗口并提示“指定插入基点:”，在绘图区中指定一点作为新建块的插入基点，然后返回到“块定义”对话框。此时刚指定的基点坐标值显示在“X”、“Y”、“Z”3个文本框中。

“对象”：设置组成块的对象。单击“选择对象”按钮，返回绘图窗口选择组成块的对象，选取完毕，按 Enter 键即返回对话框。单击“快速选择”按钮，可以使用弹出的“快速选择”对话框设置所选对象的过滤条件；选择“保留”单选按钮，定义块后保留原对象；选择“转换为块”单选按钮，将当前图形中所选对象转换为块；选择“删除”，定义块后绘图区删去组成块的原对象。

“方式”：设置组成块的对象的显示方式。

“注释性”：选择“注释性”复选框，将对象设置成可注释性对象。

“使块方向与布局匹配”：指定在图纸空间视口中的块参照的方向与布局的方向匹配。如果未选择“注释性”选项，则该选项不可用。

“按统一比例缩放”：设置对象是否按统一比例缩放。

“允许分解”：设置对象是否可以被分解。

“设置”：设置块的基本属性。单击“块单位”下拉列表框，根据需要选择单位，也可指定无单位。单击“超链接”按钮，将打开“插入超链接”对话框，在该对话框中可以插入超链接文档，如图 11-2 所示。

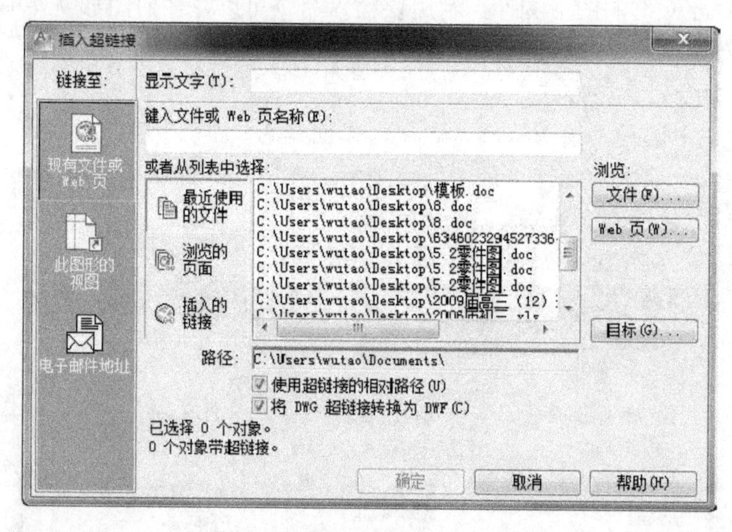

图 11-2 “插入超链接”对话框

“说明”：用于输入块文字描述信息。

2．创建外部块

只能在命令行直接输入 Wblock，回车。弹出“写块”对话框，如图 11-3 所示。

各选项的含义：

“源”：默认选择“对象”按钮，只能将所选择的对象定义为外部块。若选择“整个图形”按钮，则是将整个图形定义为外部块。

“基点”：用于设置块插入点的位置，同“块定义”对话框。

“目标”：在“文件名和路径”下拉列表中显示当前系统默认的存盘路径，可单击其右侧的按钮，重新选择存盘路径。

图 11-3 “写块”对话框

3．图块的插入

有 3 种方法可以打开块的“插入”对话框。

（1）在菜单栏中选择“插入”→“块”。

（2）在功能区选项板中选择“常用”选项卡，在“块”面板中单击“插入”按钮。

（3）在命令行直接输入 Insert。

“插入”对话框如图 11-4 所示，对话框中各选项的功能如下。

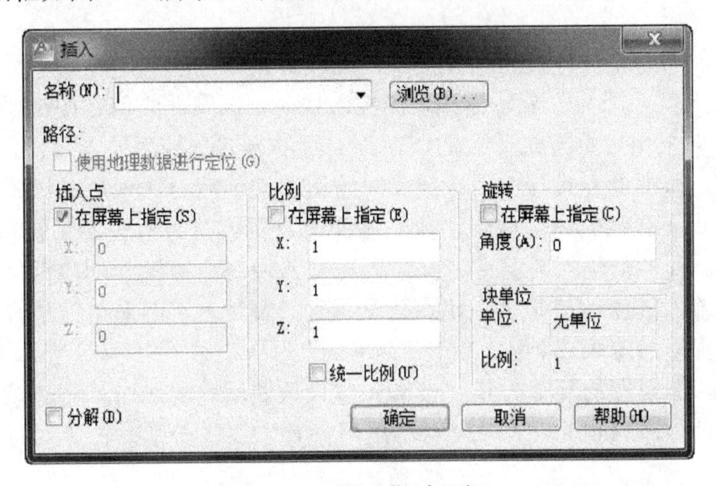

图 11-4 “插入”对话框

“名称”：在该框中选择要插入的图块。单击右边的下拉按钮，则显示已定义的块。可以从中选取要插入的图块。单击“浏览”按钮，则打开“选择图形文件”对话框，可在该对话框中选择图形文件，将所选择图形文件作为块插入。

“插入点”：指定块的插入位置。“在屏幕上指定”表示直接从绘图窗口或命令窗口指定，也可以在“X”、“Y”、“Z”文本框中输入插入点的坐标。

“比例”：设置块的插入比例。可直接在“X”、“Y”、“Z”文本框中输入块在这 3 个方向的插入比例；也可以选中“在屏幕上指定”复选框，在屏幕上指定。“统一比例”用来确定所插入的块在 *X*、*Y*、*Z* 这 3 个方向上插入的比例是否相同，若选择此框，表示比例将相同，只需要确定在 *X* 方向的比例即可。*Y*、*Z* 方向采用与 *X* 方向相同的比例。

“旋转”：设置插入块的旋转角度。可在“角度”文本框中直接输入角度值，也可以选择“在屏幕上指定”复选框，在屏幕上指定旋转角度。

“分解”：选择此项，在插入块的同时把块分解成单个的对象。

11.2 图块的属性定义

属性是存储在块中的文本信息，用于描述块的某些特征。如果图块带有属性，那么在插入该图块时，可通过属性来为图块设置不同的文本信息。如在机械图中，表面粗糙度 *Ra* 值有 6.3、12.5、25 等，用户可在表面粗糙度块中将粗糙度值定义为属性，当每次插入表面粗糙度时，AutoCAD 将自动提示输入表面粗糙度的数值。

属性的定义有如下形式。

1．命令行方式定义属性

命令：_Attdef

当前属性模式：

不可见=N　常数=N　验证=N　预设=N　锁定位置=Y　注释性= N　多行= N

输入要更改的选项［不可见（I）/常数（C）/验证（V）/预设（P）锁定位置（L）/注释性（A）/多行（M）]:

<已完成>:

上面提示显示当前 4 种方式的属性模式，各项含义如下：

（1）“不可见”。“不可见”显示方式，即插入块时，该属性的值在图中不显示。该方式的默认值为“N”，即采用可见方式；否则，在第二行的方式选择后输入“I”。

（2）“常数”。即常量方式，在属性定义时给出属性值后，插入块时该属性值固定不变。默认值为“N”，即不采用常量方式；否则，在第二行的方式选择提示后输入“C”。

（3）“验证”。属性值输入的验证方式，即在插入块时，对输入的属性值又重复给出一次提示，以校验所输入的属性值是否正确。默认值为“N”表示不采用常量方式。否则，在第二行的方式选择提示后输入“V”。

（4）“预设”。即属性的预置方式。当插入包含预置属性的块时，不请求输入属性值，而是自动填写默认值。默认值为“N”表示不采用预置方式，否则，在第二行的方式选择提示后输入“P”。

设置完属性模式后，AutoCAD 继续提示：

输入属性标记名：　　　　　/输入属性标签，不能为空

输入属性提示：　　　　　　/输入属性提示

当前文字样式：“Standard”　文字高度：0.2000　　/当前文本的格式

指定文字的起点或［对正（J）样式（S）]:

指定高度<0.2000>:　　　　　/指定字高

指定文字的旋转角度<0>　　/指定文字行的倾斜角度

2．对话框方式属性定义

通过以下方式可弹出“属性定义”对话框：

（1）在命令提示下输入 Attdef 命令并按 Enter 键或空格键；

（2）在菜单栏中选择“绘图”→“块”→“定义属性”；

（3）在功能区选项板选择“插入”选项卡，在“属性”面板中单击“定义属性”按钮。

具体操作过程如下。

命令：_Attdef

执行 Attdef 命令后，弹出如图 11-5 所示的“属性定义”对话框。

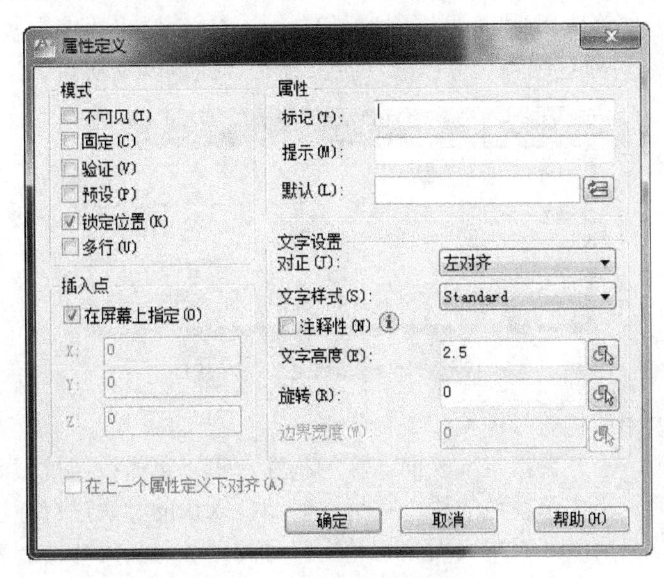

图 11-5 “属性定义”对话框

对话框中各选项的功能如下。

（1）“模式”：设置属性模式。通过“不可见”、“固定”、“验证”等复选框可以设置属性是否可见、是否为常量、是否验证以及是否预置。

（2）“属性”：设置属性标志、提示以及默认值。

标记：设置属性标签。

提示：设置属性提示。

默认：设置属性的默认值。

（3）“插入点”：确定属性文字的插入点，选中“在屏幕上指定”，则单击“确定”按钮后，AutoCAD 切换到绘图窗口要求指定插入点的位置。也可以在“X”、“Y”、“Z”文本框内输入插入基点的坐标。

（4）“文字设置”：设置属性文字的格式，该设置区中各项的含义如下。

对正：该下拉列表框中的选项用于设置属性文字相对于插入点的排列形式。

文字样式：设置属性文字的样式。

文字高度：设置属性文字的高度。

旋转：设置属性文字行的倾斜角度。

（5）“在上一个属性定义下对齐”：选择该复选框，表示该属性采用上一个属性的字体、字高以及倾斜角度，且与上一个属性对齐，此时“插入点”与“文字设置”均为低亮度显示。

确定了各项内容后，单击对话框中的“确定”按钮，即完成了属性定义。

3．修改块的属性定义

有两种方法可以打开“编辑属性定义”对话框。

（1）在菜单栏中选择“修改”→“对象”→“文字”→“编辑”。

（2）在命令提示下输入 Ddedit 并按 Enter 键或空格键。

操作过程如下：

命令：_Ddedit

选择注释对象或［放弃（U）］：

在此提示下选取要修改属性定义的属性标签，AutoCAD 弹出“编辑属性定义”对话框，如图 11-6 所示。用户可通过编辑框修改属性定义标记、提示以及默认值。

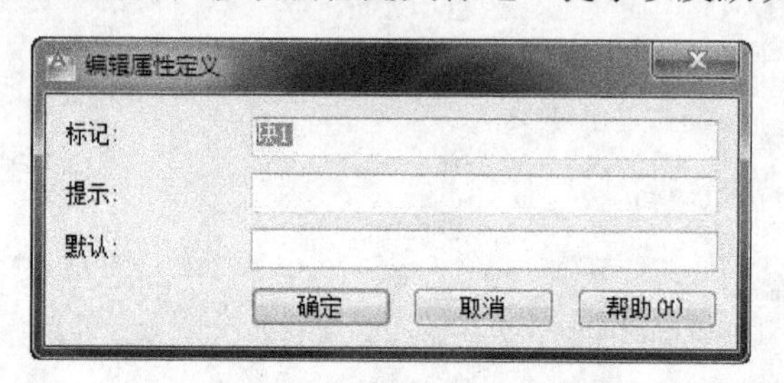

图 11-6 “编辑属性定义”对话框

例 11-1 制作表面结构符号图块。

在 AutoCAD 中，没有直接定义表面结构的标注。可以事先按照机械制图国家标准画出表面结构符号，然后定义成带属性的块，在标注时用插入块的方法进行标注。

（1）以字号为 3.5 为准，根据表面结构基本符号的画法及其尺寸绘制表面结构符号，如图 11-7 所示。

（2）在下拉菜单中，单击“绘图”→“块”→“定义属性”，打开“属性定义”对话框。

（3）在“属性”区域中的“标记”、“提示”、“默认”各栏中，分别在对应的栏目中填入“表面结构的值”、“结构”、“12.5”等内容；在“文字设置”区域的“高度”栏中输入“5”。注意“文字样式”应利用下拉菜单“格式（O）”｜“文字样式”设置为“gbenor.shx”字体。

（4）在“文字选项”区域“对正”的下拉框选中“布满”。

（5）单击“确定”按钮，有以下提示：

命令：_Attdef

指定文字基线的第一个端点：

指定文字基线的第二个端点：

（6）单击“创建块”按钮，打开“块定义”对话框，输入块名“表面结构”。

（7）单击“选择对象”按钮，有以下提示：

命令：_Block

选择对象：指定对角点：找到 5 个。

选择要生成的图块。

（8）单击“拾取点”按钮，选择表面结构符号的插入点。

（9）单击“确定”按钮，完成表面结构符号的制作，如图 11-8 所示。

4．标注表面结构符号

标注表面结构的过程就是插入表面结构符号图块的过程，即将已制做好的表面结构符号图块插入到机械图样需要标注的位置。

单击插入图块工具，出现“插入图块”对话框。按照对话框要求选择相应选项，即可完成一个表面结构的标注。在插入图块对话框选项中将“插入点”、“缩放比例”、“旋转”等选项选中。在插入图块时，注意缩放比例值的输入。

表面结构还有其他一些参数需要标注，如加工要求，镀、涂表面处理或其他说明；取样长度；加工纹理方向符号；加工余量等。可以按照机械制图国家标准要求进行填写，并逐一增加所需内容。当将其生成带属性的图块后，保存为图形文档，可以随时调用，非常方便、快捷。表面结构的标注示例如图 11-9 所示。

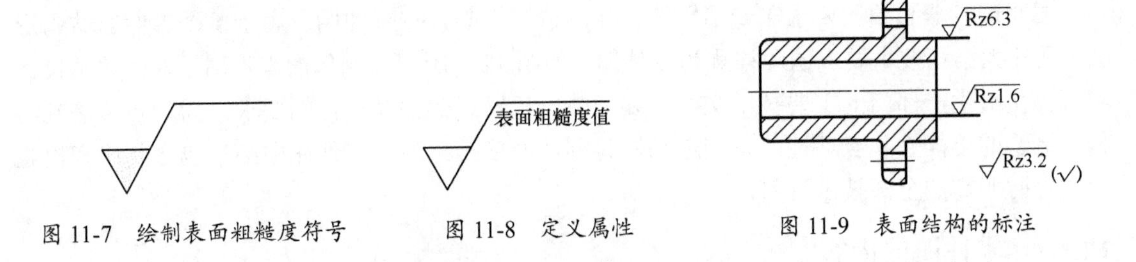

图 11-7　绘制表面粗糙度符号　　图 11-8　定义属性　　图 11-9　表面结构的标注

习　　题

11-1　绘制一个带属性的表面结构符号，文字大小为 3.5。

第 12 章 绘制零件图

12.1 零件图的作用和内容

12.1.1 零件图的作用

要制造机器必须按要求制造出零件，要制造零件必须有零件图，表示单个零件的结构形状、尺寸大小和技术要求的图样称为零件图，如图 12-1 所示为阀体的零件图。零件图是设计部门提交给生产部门的重要技术文件，要反映出机器或部件对零件的要求，同时要考虑到结构和制造的可能性和合理性，是制造和检验零件的依据。因此零件图中必须包含制造和检验该零件时所需的全部技术资料。

12.1.2 零件图的内容

一张完整的零件图通常应包括下列基本内容。

1. 一组视图

根据有关标准和规定，用视图、剖视图、断面图及其他表达方法，正确、完整、清晰地表达零件内、外结构形状。

表达零件时应优先考虑采用基本视图以及在基本视图上作剖视图。采用局部视图或斜视图时应尽可能按投影关系配置，并配置在有关视图附近。要力求绘图简单、读图方便。根据零件的结构形状，将零件大致分成四类：

轴套类零件——衬套类零件；

盘盖类零件——端盖、阀盖、齿轮等零件；

叉架类零件——拔叉、连杆、支座等零件；

箱体类零件——阀体、泵体、减速器箱体等零件。

了解零件上各结构的作用和要求，根据零件的结构特点，选择一组视图。

1）主视图的选择

零件的安放位置应符合加工位置原则或工作位置原则。零件的加工位置是指零件加工时在机床上的装夹位置，通常对轴套类、盘类等回转体零件选择主视图与加工位置一致，可以图物对照，便于加工和测量。零件的工作位置是指零件在机器或部件中工作时所处的位置。通常对叉架类、箱体类零件选择其主视图与工作位置一致，便于将零件和机器或部件联系起来，了解零件的结构形状特征，有利于画图和读图。

选择主视图的投射方向应遵循形状特征原则，即选择最能明显地反映零件形状和结构特征以及各组成形体之间相对位置的方向作为主视图的投射方向。

2）其他视图的选择

选择其他视图时，应以主视图为基础，然后根据零件形状的特点分析所需视图及表达方

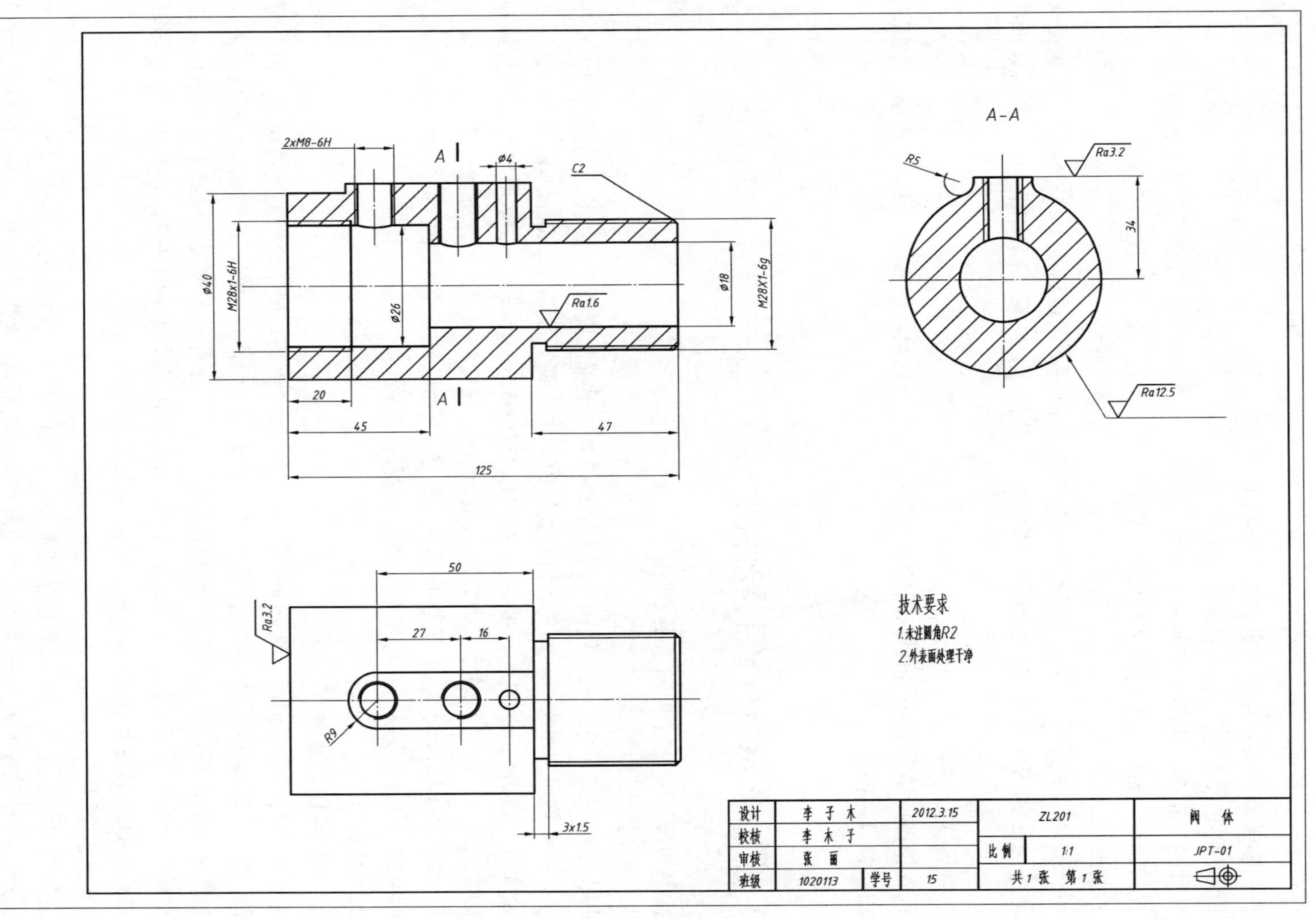
2xM8-6H
A
Φ4
C2
Φ40
M28x1-6H
Φ26
Ra1.6
Φ18
M28X1-6g
20
A
45
47
125
A-A
R5
Ra3.2
34
Ra12.5
50
Ra3.2
27
16
R9
3x1.5
技术要求
1.未注圆角R2
2.外表面处理干净
设计 李子木 2012.3.15
校核 李木子
审核 张丽
班级 1020113 学号 15
ZL201
比例 1:1
共1张 第1张
阀体
JPT-01

图 12-1 阀体零件图

法。优先采用基本视图，或在基本视图上作相应的剖视图和断面图。根据零件的复杂程度和内、外结构的情况全面考虑，使每个视图有重点表达的内容，但要注意采用的视图数目不宜过多以免重复、繁琐，导致主次不分。布图时有关的视图尽可能保持直接的投影关系，既要使图样清晰美观，又要有利于图幅的充分利用。

2．完整的尺寸

零件图应正确、完整、清晰、合理地标注零件的结构大小及各组成部分的相对位置的大小，提供制造、检验时所需的全部尺寸，即零件的定形尺寸、定位尺寸与总体尺寸。

3．技术要求

用一些规定的符号、数字、字母和文字注解，简明准确地给出零件在制造、检验或装配过程中应达到的各项要求，如表面粗糙度、尺寸公差、几何公差、热处理、表面处理等要求。

4．标题栏

标题栏内应填写零件的名称、材料、数量、比例，以及单位名称、设计、制图、审核人员的姓名和日期内容。

12.2 用 AutoCAD 绘制零件图

绘制如图 12-2 所示的轴承座零件图。

1．建立绘图环境

根据轴承座的尺寸，设置绘图界限为 420×297；设置长度类型为小数，角度类型为十进制度数，精度均保留小数点后两位；粗实线层为黑色，线型为 Continuous，线宽为 0.5，用于绘制轮廓线；点画线层为红色，线型为 ACAD_ISO04W100，线宽为 0.25，用于画对称线和细点画线；尺寸标注层为绿色，线型为 Continuous，线宽为 0.25，用于标注尺寸；剖面线层为蓝色，线型为 Continuous，线宽为 0.25，用于绘制剖面线；文本层为绿色，线型为 Continuous，线宽为 0.25，用于文本标注等；0 层为默认图层，保持不变，备用。

2．绘制图形

1）绘制作图基准线

手工绘图时需要在图纸上准确布置作图的基准线，因为视图定位后不能再移动。但计算机绘图可以使用“移动”命令移动视图到任何位置，因此，绘制作图基准线时，可以不需要考虑视图之间的距离，只要使视图间保持正确的投影关系即可。设置点画线层为当前层，使用“直线”命令和“偏移复制”命令在适当的位置画出各个视图的基准。切换图层绘制图框和标题栏，如图 12-3 所示。

2）绘制视图

设置粗实线层为当前层，利用绘图命令和精确绘图工具将视图完整地画出。在绘制过程中，对于相互平行的线段经常使用“偏移”命令来完成，多余的线段则经常使用“修剪”和“擦除”等命令处理。切换“剖面线”图层，用图案填充命令绘制剖面线，如图 12-4 所示。

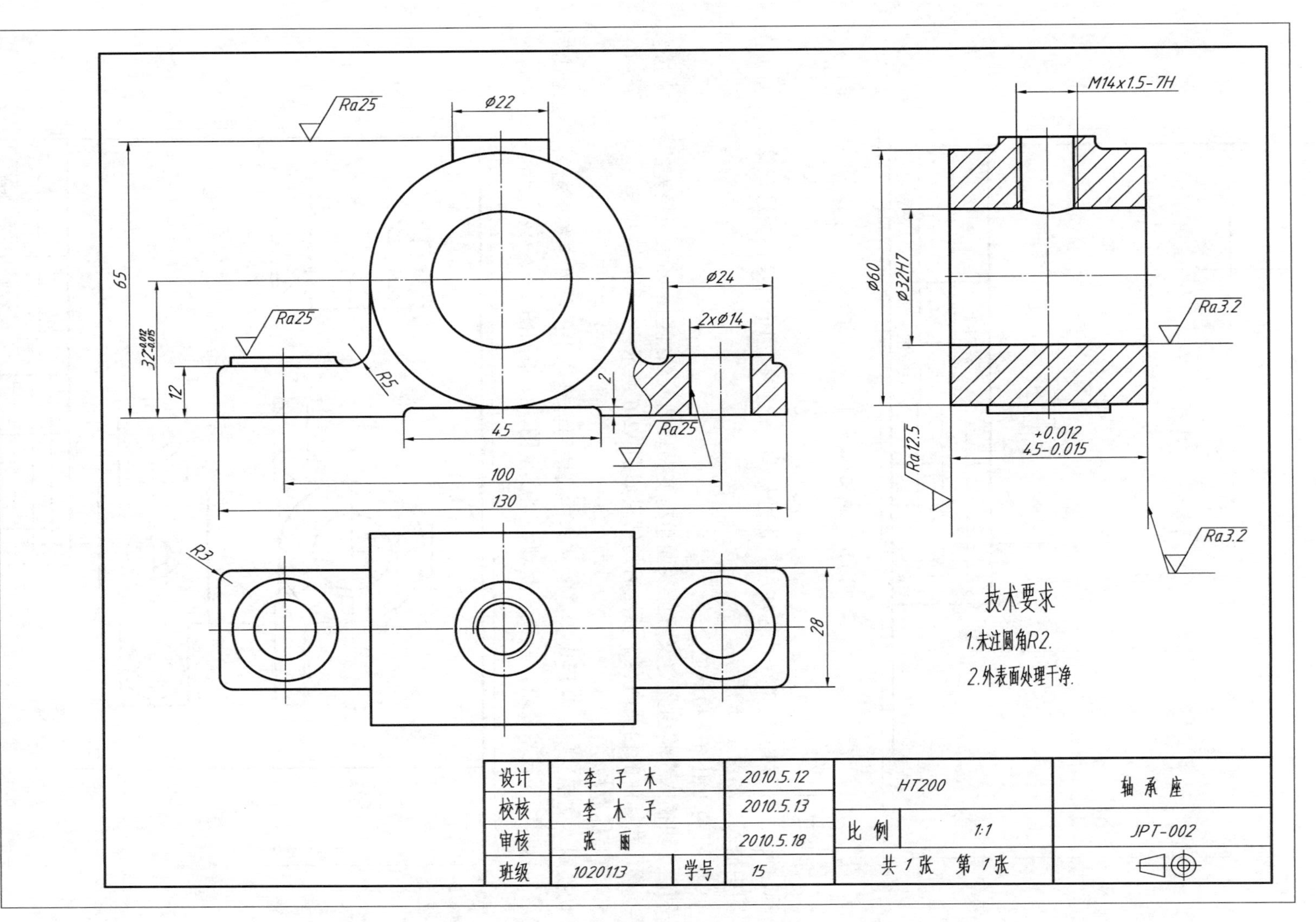
Ra25
Ø22
65
$32^{-0.012}_{-0.015}$
12
R5
45
2
Ø24
2xØ14
Ra25
100
130
R3
28
M14x1.5-7H
Ø60
Ø32H7
Ra3.2
Ra12.5
+0.012
45-0.015
Ra3.2
技术要求
1.未注圆角R2.
2.外表面处理干净.
设计
李子木
2010.5.12
校核
李木子
2010.5.13
审核
张画
2010.5.18
班级
1020113
学号
15
HT200
比例
1:1
共 1 张 第 1 张
轴承座
JPT-002

图 12-2 轴承座零件图

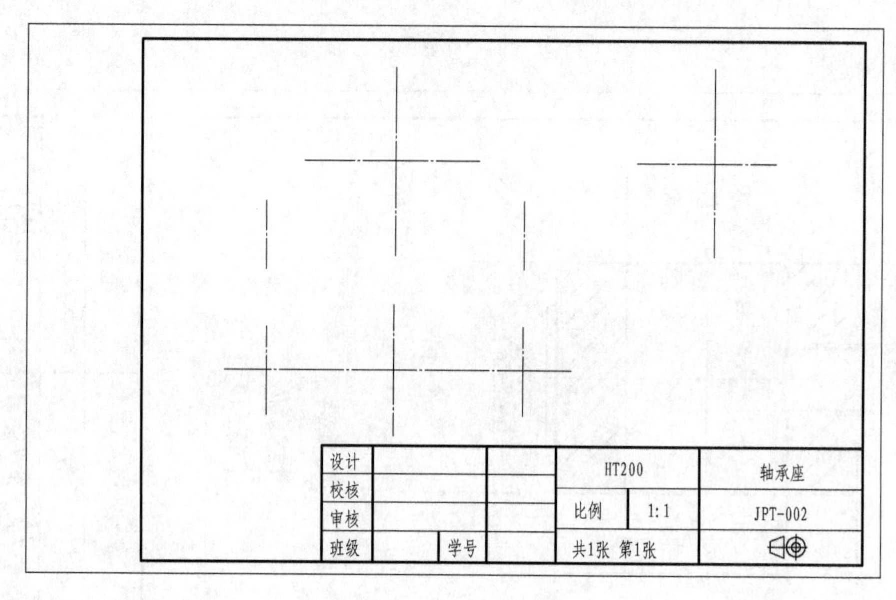

图 12-3 画图框、布图

3）标注尺寸

标注尺寸时应切换到“尺寸标注层”进行标注，这样有利于对零件图进行修改，便于在装配图中插入，如图 12-5 所示。

4）标注表面粗糙度和形位公差

利用“块插入”将事先定义好的表面粗糙度图块插入到视图中。形位公差的标注方法参考第 6 章尺寸标注的相关内容。标注后的结果如图 12-6 所示。

5）填写标题栏

切换到“文字”层，利用设置好的文本样式填写标题栏中的零件名称、材料及绘图比例等内容即可。填写技术要求，检查、整理、完成全图，结果如图 12-2 所示。

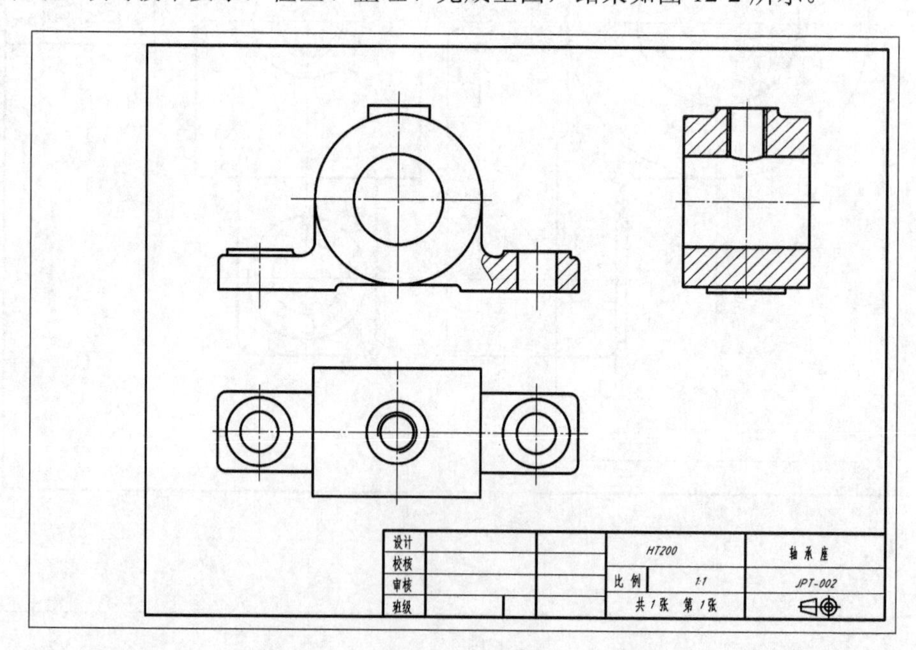

图 12-4 绘制视图

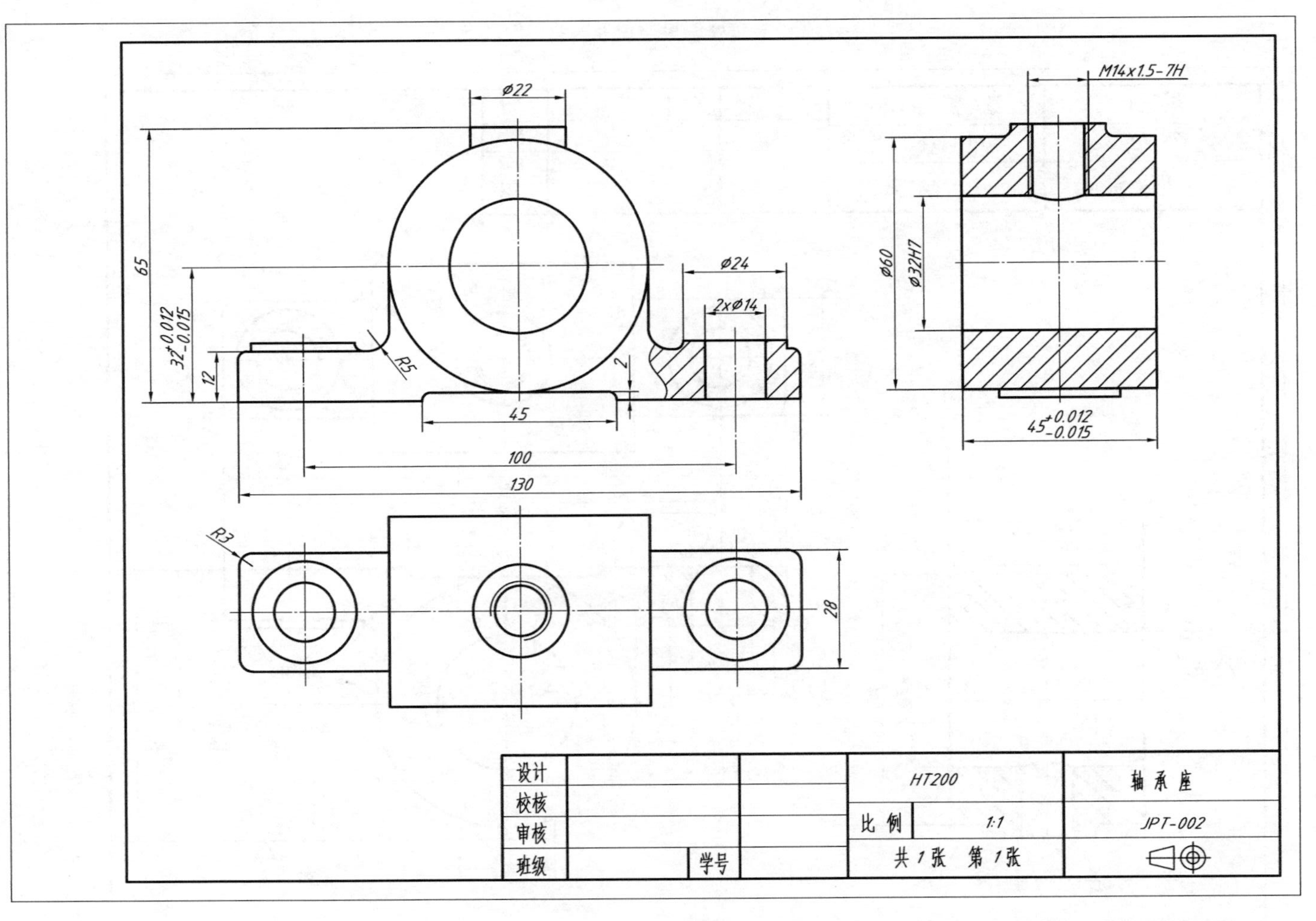

Ø22
65
32 +0.012 -0.015
12
R5
Ø24
2xØ14
2
45
100
130
R3
28
M14x1.5-7H
Ø60
Ø32H7
45 +0.012 -0.015
设计
校核
审核
班级
学号
HT200
比例
1:1
共1张 第1张
轴承座
JPT-002

图 12-5 标注尺寸

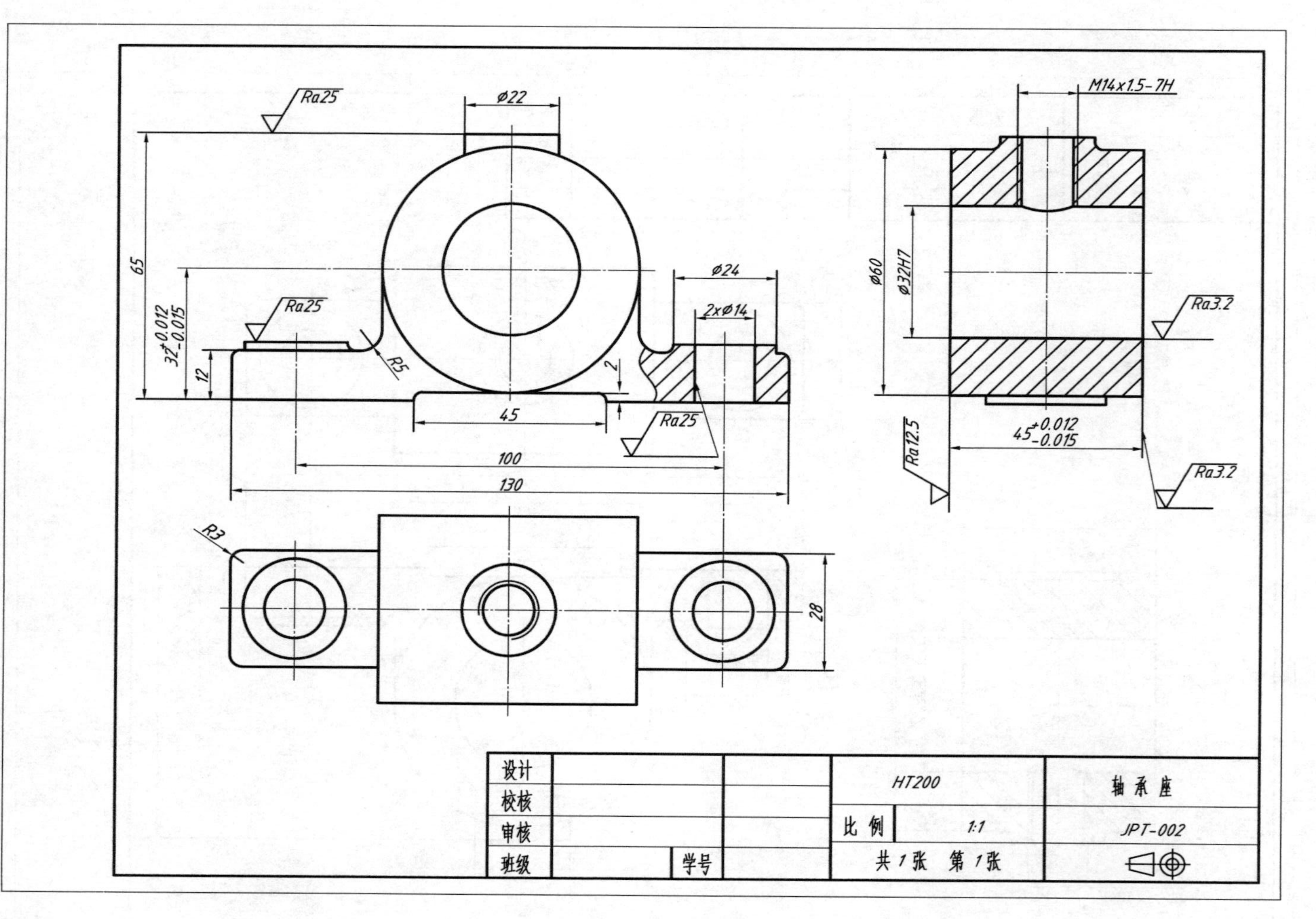

图 12-6 标注表面粗糙度和形位公差

习　题

12-1　绘制图 12-7 所示轴零件图。

12-2　绘制图 12-8 所示阀体零件图。

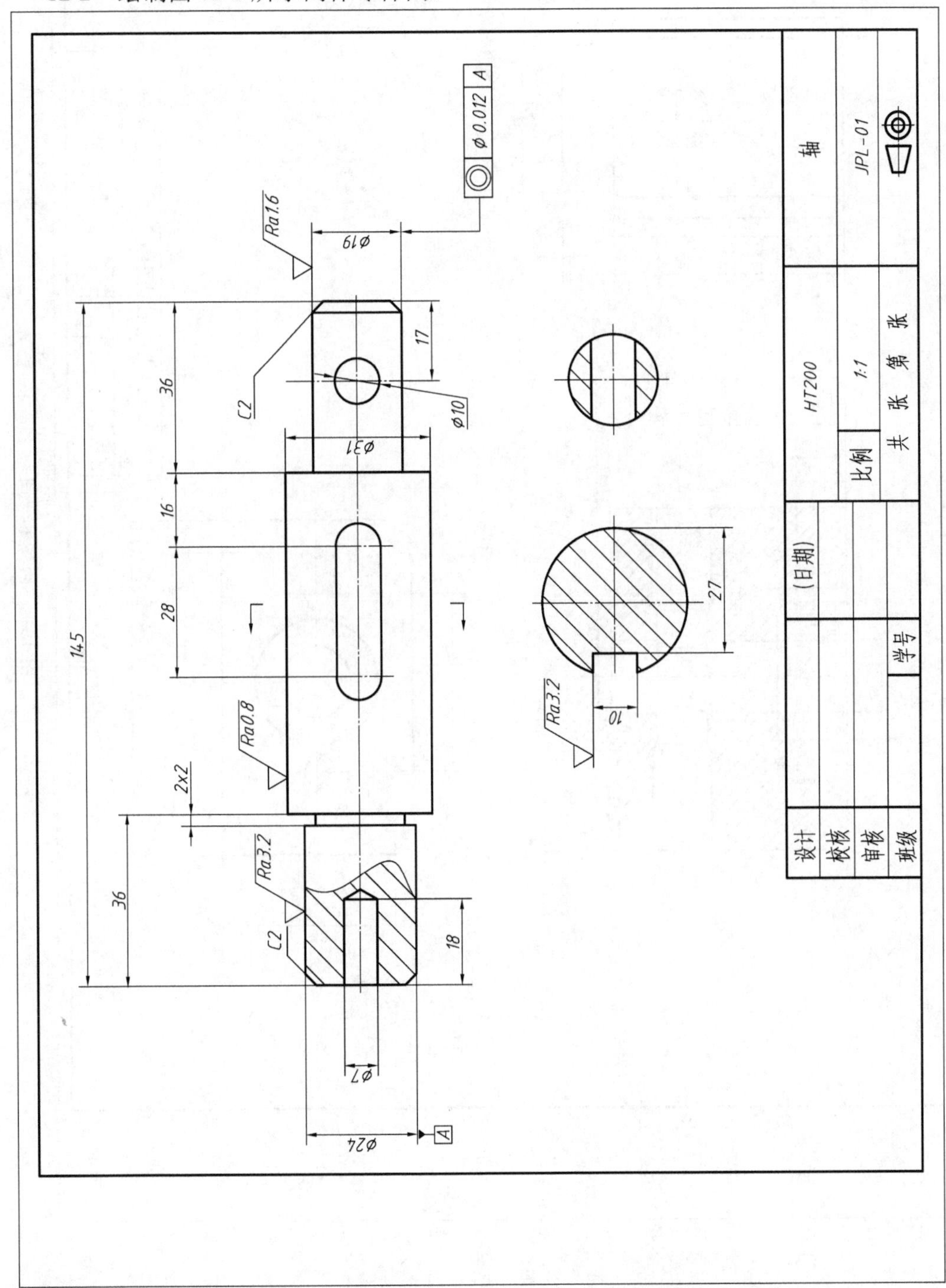

图 12-7　轴零件图

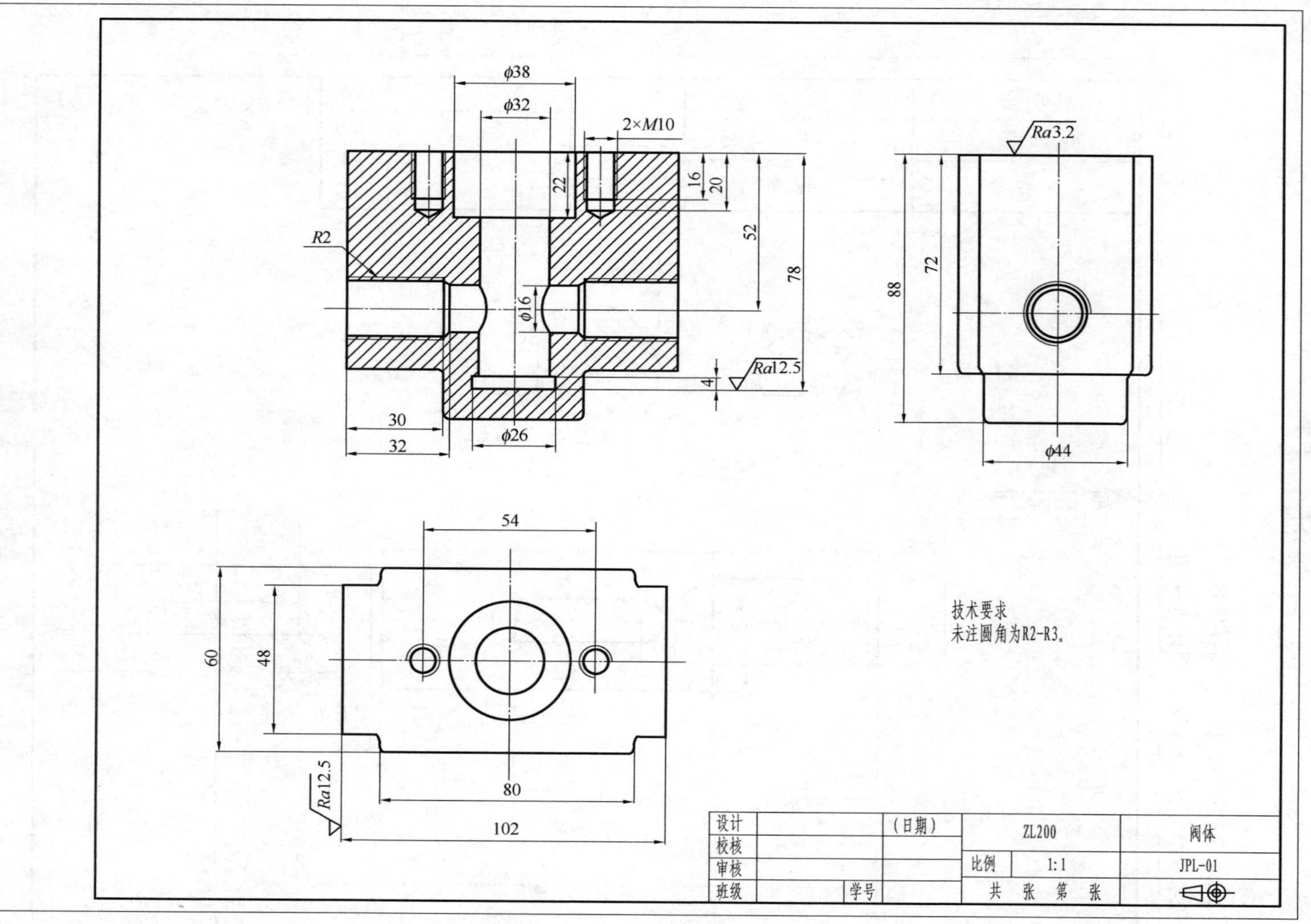
φ38
φ32
2×M10
22
16
20
R2
52
78
φ16
Ra12.5
4
30
32
φ26
Ra3.2
88
72
φ44
54
60
48
80
Ra12.5
102
技术要求
未注圆角为R2-R3。
设计
校核
审核
班级
学号
（日期）
ZL200
比例
1:1
共 张 第 张
阀体
JPL-01

图 12-8 阀体零件图

第 13 章　绘制装配图

13.1　装配图的作用和内容

13.1.1　装配图的作用

装配图是表达机器或部件整体结构的图样。在机械产品设计阶段，一般先设计并画出装配图，然后根据装配图所提供的总体结构和尺寸设计绘制零件图。在产品的生产过程中，根据装配图将零件装配成机器或部件。在产品的使用过程中，装配图可帮助使用者了解机器或部件的结构，为安装、检验和维修提供技术资料，所以装配图是设计、制造和使用机器或部件的重要技术文件。

装配图主要表达机器的全貌、工作原理、技术性能、零件的形状结构、各零件之间的相对位置和配合关系以及部件装配时的技术要求等。

13.1.2　装配图的内容

一张完整的装配图，应具有以下内容。

（1）一组视图：用一组视图完整、清晰地表达机器或部件的工作原理、各零件之间的装配关系，如配合关系、连接关系、相对位置、传动关系及主要零件的基本形状及结构。

（2）必要的尺寸：在装配图中，一般应标出反应机器性能、规格、零件之间的定位尺寸、配合尺寸、整体尺寸等。

（3）技术要求：用文字或符号注写部件在装配调试、检验、使用时的特殊要求。

（4）零件的序号、明细表、标题栏：将零件和标准件进行编号，并填写入明细表。装配图的标题栏主要填写部件的名称、比例、责任签署等内容。

13.2　装配图的规定画法

绘制零件图所采用的视图、剖视、断面等表达方法，在绘制装配图时都可以使用。针对装配图重点表达装配体的结构特点、工作原理及各零件间的装配关系，国家制图标准又制定了有关装配图的一些规定画法和特殊表达方法。

1．相邻两零件的画法

相邻两个零件的接触面和配合面只画一条线；两相邻零件的不接触面，间隙再小，也必须画成两条线，如图 13-1 所示。

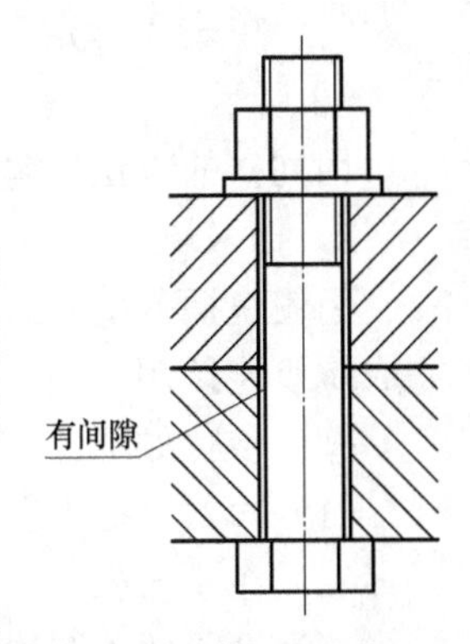

图 13-1　螺栓连接

2．剖面线的画法

两相邻零件的剖面线倾斜方向应相反或方向相同，但间隔不同，同一零件的剖面线倾斜方向、间隔在各视图中必须一致，如图 13-1 所示。

3．剖切平面的画法

当剖切平面通过螺纹紧固件以及轴、拉杆、手柄、球、键等实心件的轴线或对称平面时，这些零件均按不剖绘制，如图 13-1 所示。

13.3 螺纹连接件的装配画法

螺纹连接件是大量用在机器或部件上的标准件，在机器或部件的设计图样中经常会遇到它们的装配图。在计算机绘图时，为了提高绘图效率，缩短绘图时间，一般将每个标准件的图样创建成图块，利用图块功能的特点，根据图样需要将创建好的图块按比例和旋转角度插入到适当的位置。

图 13-2 所示是已绘制完成的螺栓、螺母和垫圈的图样，对这 3 个图形对象分别用“创建块”和“插入块”命令进行块操作，完成螺柱连接的装配图。

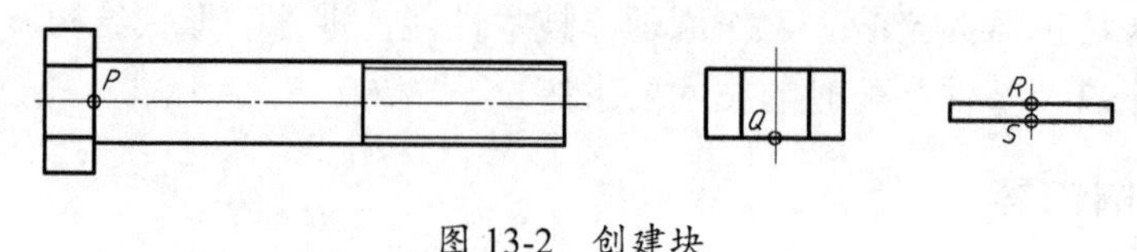

图 13-2 创建块

（a）螺栓；（b）螺母；（c）垫圈。

1．创建块

以螺栓为例，操作步骤如下：

（1）输入创建块命令，打开“块定义”对话框。

（2）在对话框的“名称”列表框中输入图块名“螺栓”。

（3）单击“拾取点”按钮，在图形中利用对象捕捉功能拾取点 p 作为插入点，因为螺栓连接时螺栓头与下面那块钢板的底面紧密接触，因此选择此点便于将图块按准确位置插入图中。

（4）单击“选择对象”按钮，在图形中选择图 13-2（a）中组成螺栓的全部图线。

（5）单击“确定”按钮，完成创建图块“螺栓”的操作。“块定义”对话框中的设置如图 13-3 所示。

用同样的方法创建图块“螺母”、“垫圈”。

2．插入块

用图块插入的方式将上述螺柱，螺母和垫圈插入到图 13-4（a）所示被连接件的图形中，完成螺纹连接图。

操作步骤如下：

（1）输入“插入图块”命令，打开“插入”对话框（图 13-5）。

（2）在“名称”列表框中输入“螺栓”。

（3）设置插入图块时所选择的缩放比例和旋转角度。

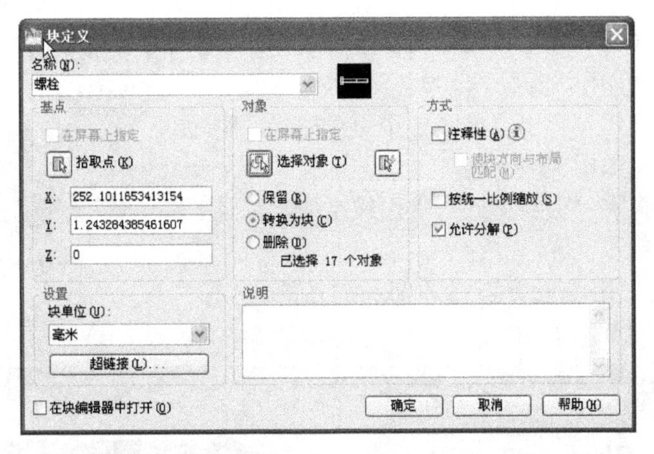

图 13-3　在“块定义”对话框中的设置

（4）单击“确定”按钮，利用对象捕捉功能捕捉 13-4（a）中的 T 点作为插入点。则螺栓将插入图中合适的位置。

垫圈、螺母用同样的方法分别插入。

3．修正图样，完成全图

剪切或删除掉多余图线，补画必要的图线，完成连接图，如图 13-4（b）所示。

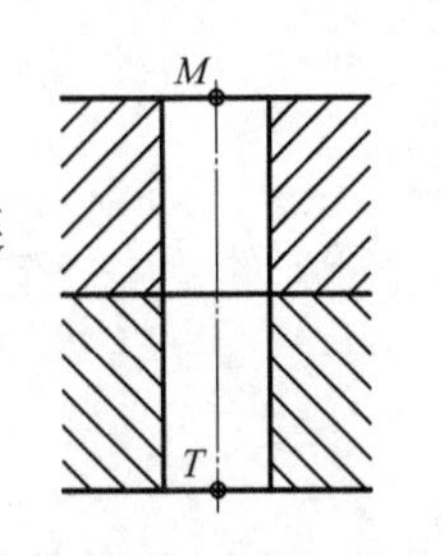

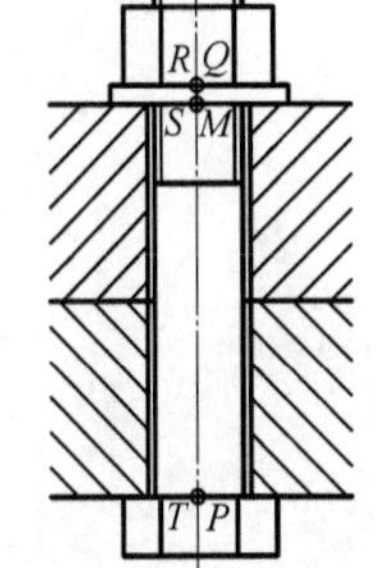

图 13-4　插入图块

13.4　引线标注

引线对象是一条直线或样条曲线，其中一端带有箭头，另一端带有多行文字对象或块。

利用引线标注，用户可以标注一些注释和说明等。执行 QLEADER 命令，或单击“引线”面板上的“多重引线”选项可以创建引线标注。

1．引线标注样式

创建引线时，可以使用多重引线样式管理器对话框对引线的各种参数进行设置。执行 Mleaderstyle 命令，或者“引线”选项卡中的“引线样式”按钮，打开“多重引线样式管理器”对话框，如图 13-6 所示。

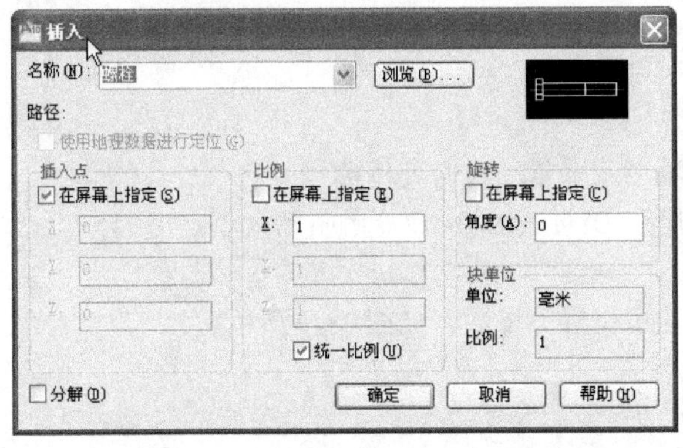

图 13-5　在“插入”对话框中的设置

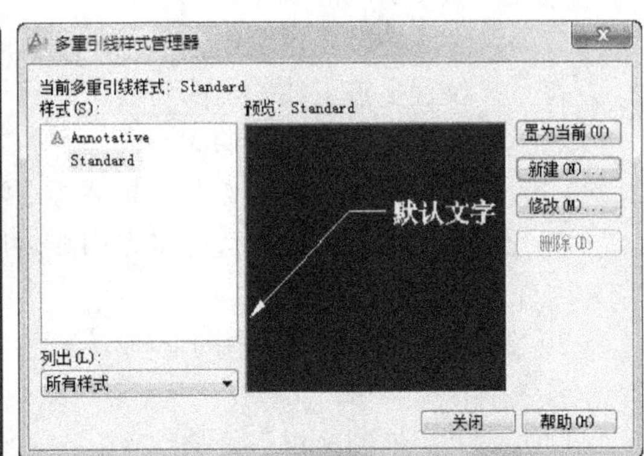

图 13-6　“多重引线样式管理器”对话框

单击“新建”按钮，弹出“创建新多重引线样式”对话框，如图 13-7 所示。

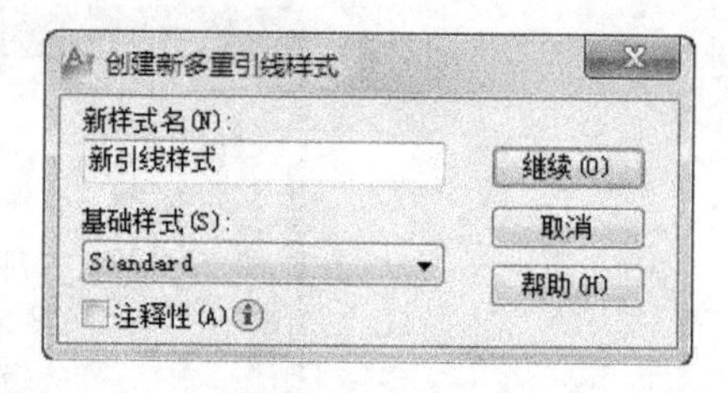

图 13-7 “创建新多重引线样式”对话框

单击“继续”按钮，弹出“修改多重引线样式：新引线样式”对话框，如图 13-8 所示。

在对话框中包含有“引线格式”、“引线结构”以及“内容”3 个选项。

1）“引线格式”用于设置引线和箭头的格式，如图 13-8 所示。

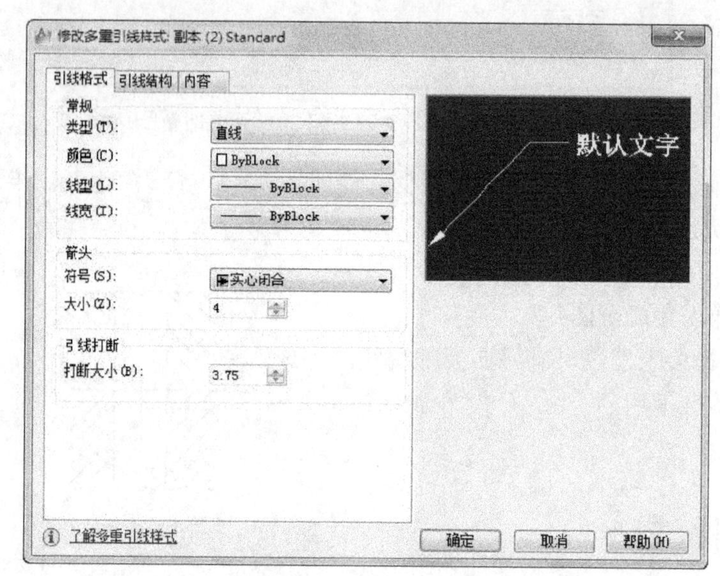

图 13-8 “修改多重引线样式：新引线样式”对话框

各项目的功能如下。

（1）常规。该选项卡用于设置引线标注的注释类型、多行文字选项，以及确定是否重复使用注释等。

类型：确定引线类型。可以选择直引线、样条曲线或无引线。

颜色：确定引线的颜色。

线型：确定引线的线型。

线宽：确定引线的线宽。

（2）箭头。控制多重引线箭头的外观。

符号：设置多重引线的箭头符号。

大小：显示和设置箭头的大小。

（3）引线打断与预览。控制将折断标注添加到多重引线时使用的设置。

打断大小：显示和设置选择多重引线后用于 DIMBREAK 命令的折断大小。

预览：预览设置的结果。

2）“引线结构”选项卡用于控制约束和基线设置等参数，如图 13-9 所示。

各选项含义如下。

（1）约束。控制多重引线的约束。

最大引线点数：指定引线的最大点数。

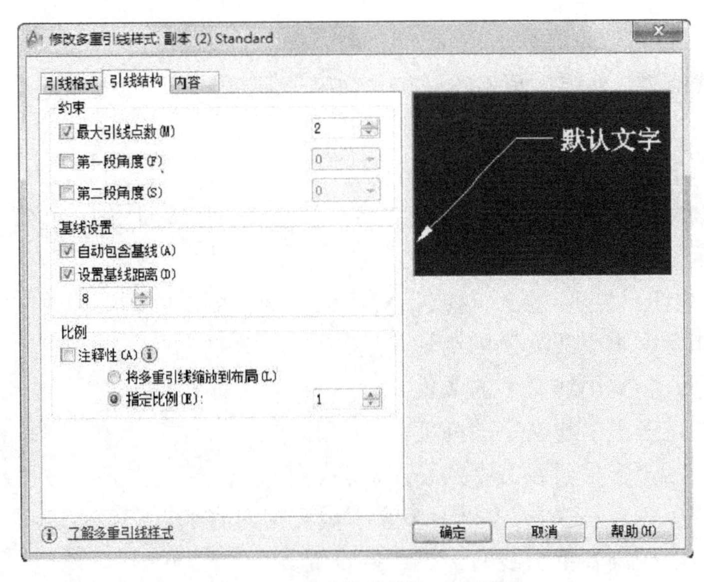

图 13-9 “引线结构”选项卡

第一段角度：指定引线中的第一个点的角度。

第二段角度：指定多重引线基线中的第二个点的角度。

（2）基线设置。控制多重引线的基线设置。

自动包含基线：将水平基线附着到多重引线内容。

设置基线距离：为多重引线基线确定固定距离。

（3）比例。控制多重引线的缩放。

注释性：指定多重引线为注释性。如果多重引线为非注释性，则以下选项可用。

将多重引线缩放到布局：根据模型空间视图和图纸空间视图中的缩放比例确定多重引线的比例因子。

指定缩放比例：指定多重引线的缩放比例。

3）“内容”选项卡用于设置文字、引线连接参数，如图 13-10 所示。

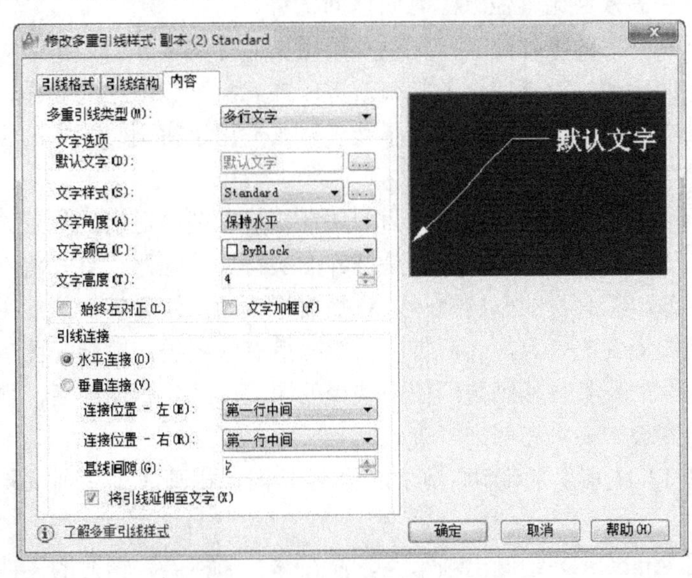

图 13-10 “内容”选项卡

各选项含义如下。

（1）多重引线类型。确定多重引线是包含文字还是包含块。如果多重引线包含多行文字，则下列选项可用。

（2）文字选项。控制多重引线文字的外观。

默认文字：为多重引线内容设置默认文字。单击“…”按钮将启动多行文字编辑器。

文字样式：列出可用的文本样式。

“文字样式”按钮：显示“文字样式”对话框，从中可以创建或修改文字样式。

文字角度：指定多重引线文字的旋转角度。

文字颜色：指定多重引线文字的颜色。

文字高度：指定多重引线文字的高度。

始终左对齐：指定多重引线文字始终左对齐。

“文字边框”复选框：使用文本框对多重引线文字内容加框。

（3）引线连接。控制多重引线的引线连接设置。

水平连接：将引线插入到文字内容的左侧或右侧。水平附着包括文字和引线之间的基线。列表框中有包括“连接位置-左/右”等选项，用于控制文字位于引线右/左侧时基线连接到多重引线文字的方式。

垂直连接：将引线插入到文字内容的顶部或底部。垂直连接不包括文字和引线之间的基线。列表框中有包括“连接位置-左/右”等选项，将引线连接到文字内容的中上/底部。

基线间隙：指定基线和多重引线文字之间的距离。

13.5 用 AutoCAD 绘制装配图

在用 AutoCAD 中，装配图的绘制通常利用已经绘制好的零件图进行组合的方法，这种方法作图的精确性和高效性比其他方法有明显的优势。

在绘制适用于装配图的零件图时，可以利用图层命令将零件图中拼装时不需要的部分设置在独立的图层上面，通过对该图层的打开、关闭或者解冻、冻结等操作，使得文件既可以显示或输出完整独立的零件图，又可以显示或者输出适用于拼画装配图的图形，以实现零件图的绘制和组合装配图兼顾的目的。

用零件图拼画装配图，是将零件图作为图块插入装配图中适当的位置。为了清除零件图上在装配图中不需要的部分，一般的做法是打开图层特性管理器。首先将不需要清理的有关图层冻结，再利用修改工具栏的分解命令，将需要修改的图块分解，然后用删除和修剪命令清除图面上与装配图无关的内容，之后打开、解冻所有的图层，对装配图进行编辑，修剪掉零件图中被遮挡部分的线条，补画装配图中缺少的图线。经检查无误后，再对装配图标注尺寸和零件序号，填写技术要求和明细栏等。

例 13-1 将图 13-11 所示的滑动轴承的一组零件图，拼画成滑动轴承装配图。

步骤如下：

（1）首先利用 AutoCAD 绘制出轴承座、油杯体、油杯盖、轴衬的零件图，并制作成图

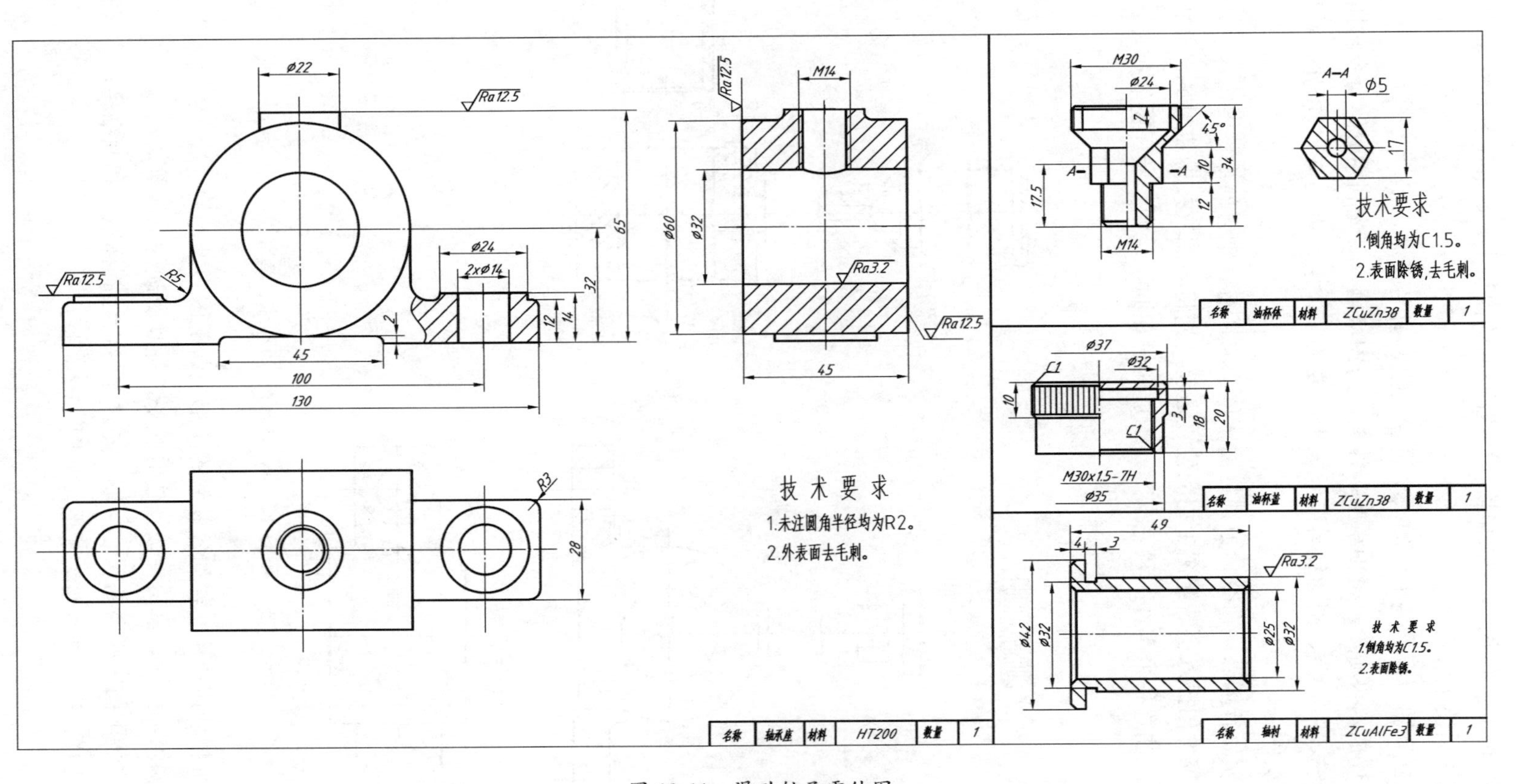

图 13-11　滑动轴承零件图

块备用。绘制时注意将不同功能的图线设置在不同的图层上，各零件图的图层设置应该一致，在拼画装配图后便于管理。

（2）建立新图，根据装配图的大小设置图幅，命名存盘。

（3）执行插入块命令，将轴承座零件图作为图块调入。先利用分解命令将图块分解，冻结图中粗实线、中心线、剖面线等装配图中需要的实体层，将其与和装配图不相关的内容删除后，将图层解冻。

（4）逐次执行插入块命令，分别将油杯体、油杯盖、轴衬的零件图调入，并执行上述操作。在将各零件图插入至装配图中相应位置之前，先将各图块按拆装顺序分散插入在公共对称中心线上，注意各个零件图尺寸准确，缩放比例相同，以便于装配图的拼装，如图 13-12 所示。

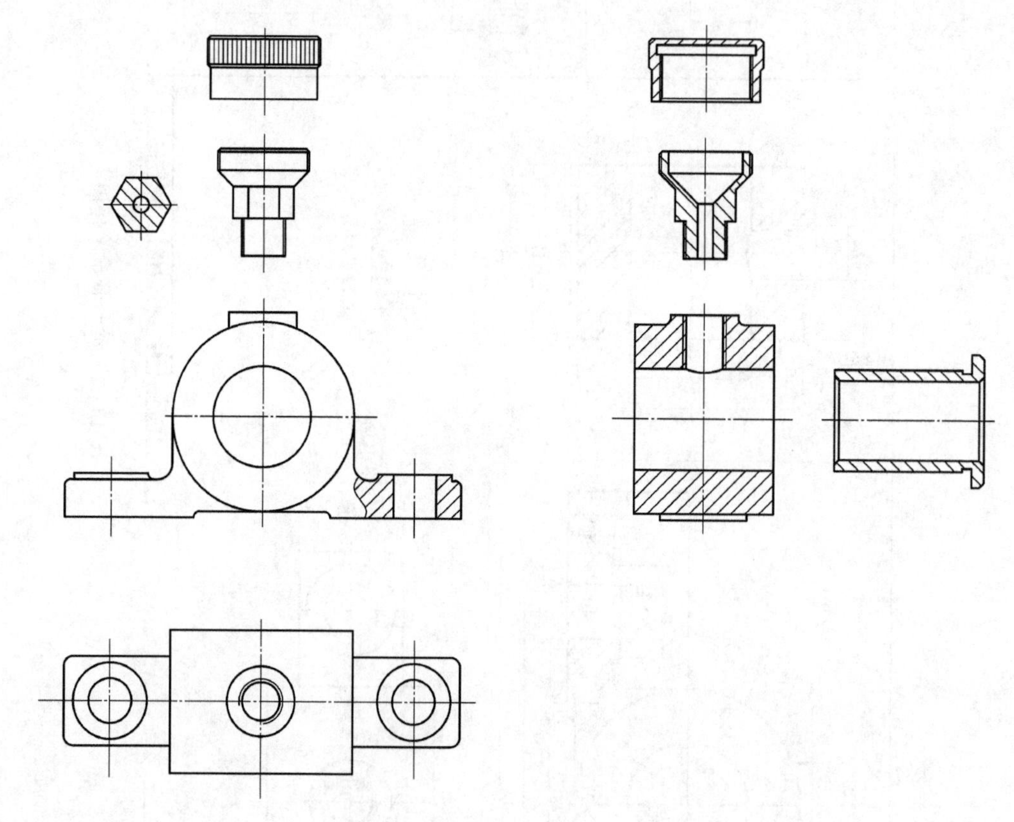

图 13-12　插入轴衬、油杯体、油杯盖

（5）使用移动命令逐一移动各零件的图形至装配图中准确的位置，在插入以后对零件图进行必要的编辑，擦除、修剪掉被挡住的线条，补画所缺的图线等。

（6）标注装配图中必要的尺寸，编写零件序号，绘制标题栏和明细栏，注写技术要求、标题栏、明细栏，完成轴承座装配图，如图 13-13 所示。

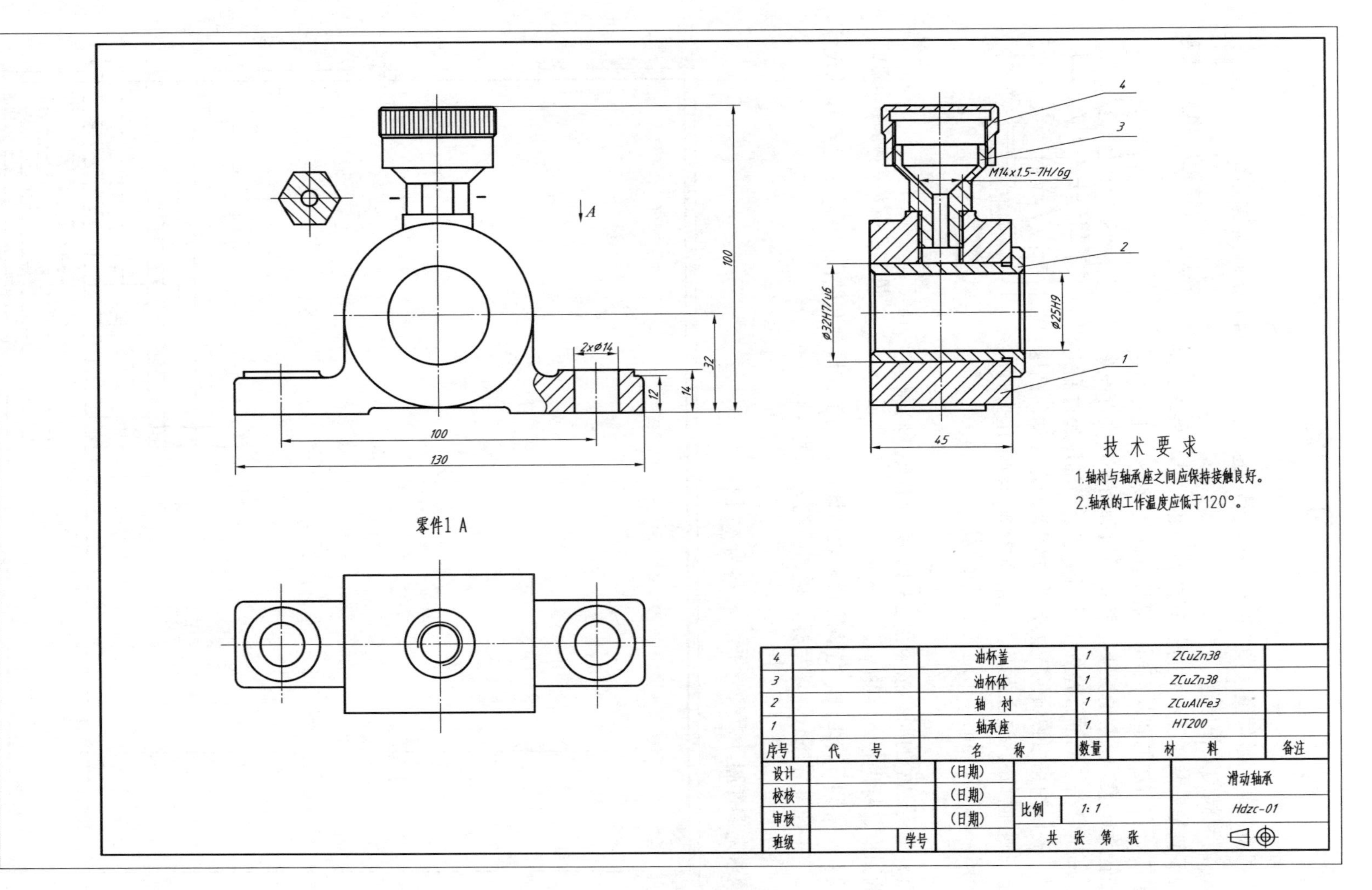

图 13-13　滑动轴承装配图

习　题

根据溢流阀的零件图（图 13-16）和装配示意图（图 13-14）拼画其装配图。

1．溢流阀的工作原理

溢流阀是安装在管路中的安全装置，图 13-14 为该部件的示意图。它右边的孔与高压的流体管路连接，顶孔与常压的回油管路连接，正常情况下，弹簧通过弹簧座使钢球压紧阀门，高压管路与回油管路处于关闭状态。当油压超过额定压力时，高压油克服弹簧的压力，推动钢球向左移动，高压油溢出到回油管路，油压下降。当油压下降至额定压力时，阀门关闭。调节螺母的作用是调节额定油压。

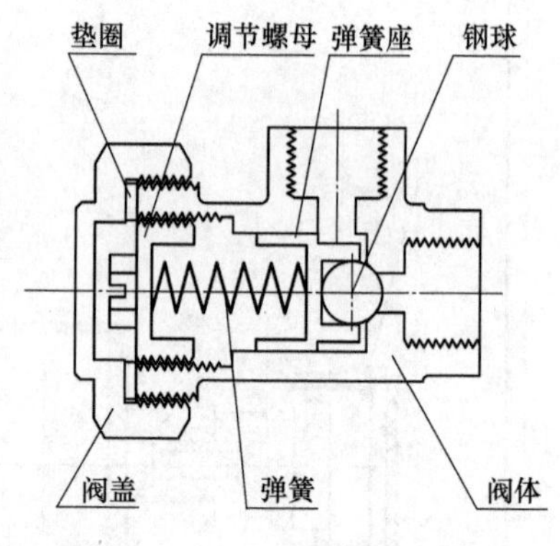

图 13-14　溢流阀装配示意图

2．要求

（1）选用 A3 的图幅按照图 13-15 所示的尺寸绘制 A3 图幅的图框、标题栏和明细表。

（2）按照 1:1 的比例，完整清晰地表达该部件的工作原理和装配关系，标注必要的尺寸。

（3）编注零件序号，填写标题栏和明细表中的内容。

3．说明

钢球无零件图，直径为 16，材料为 45 钢。

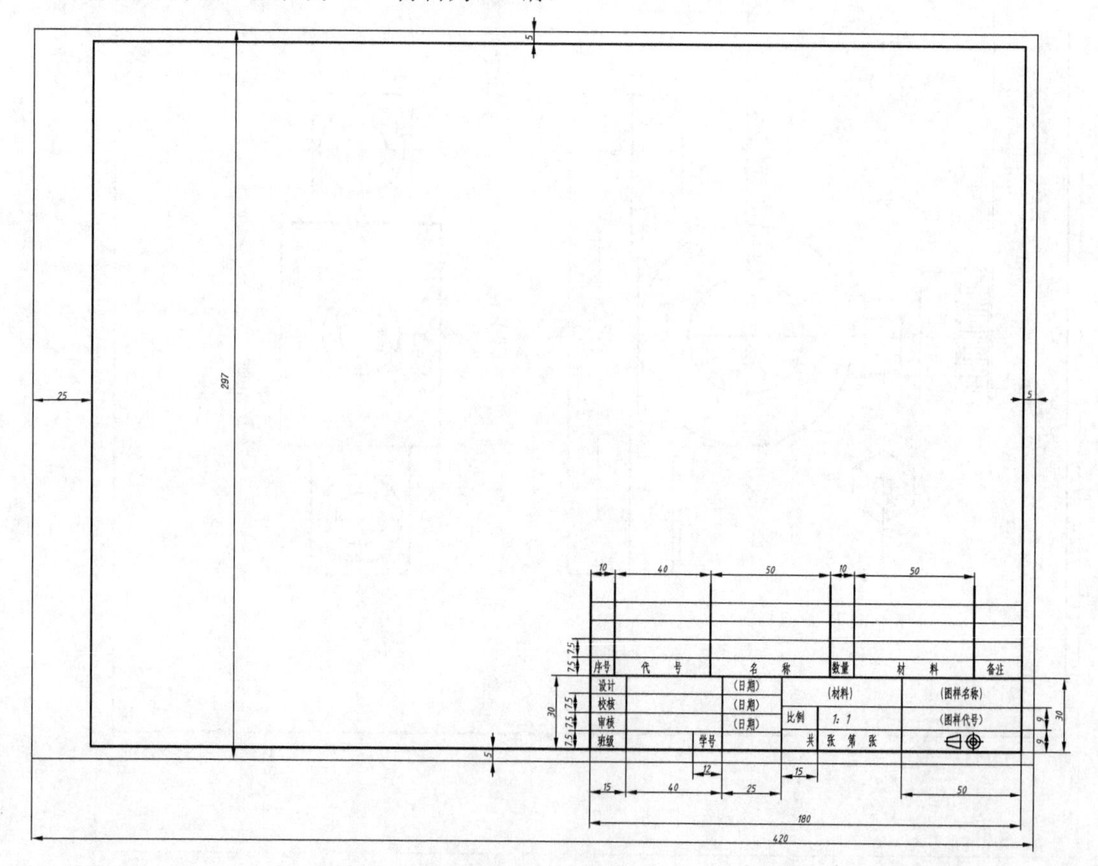

图 13-15　图框、标题栏、明细表

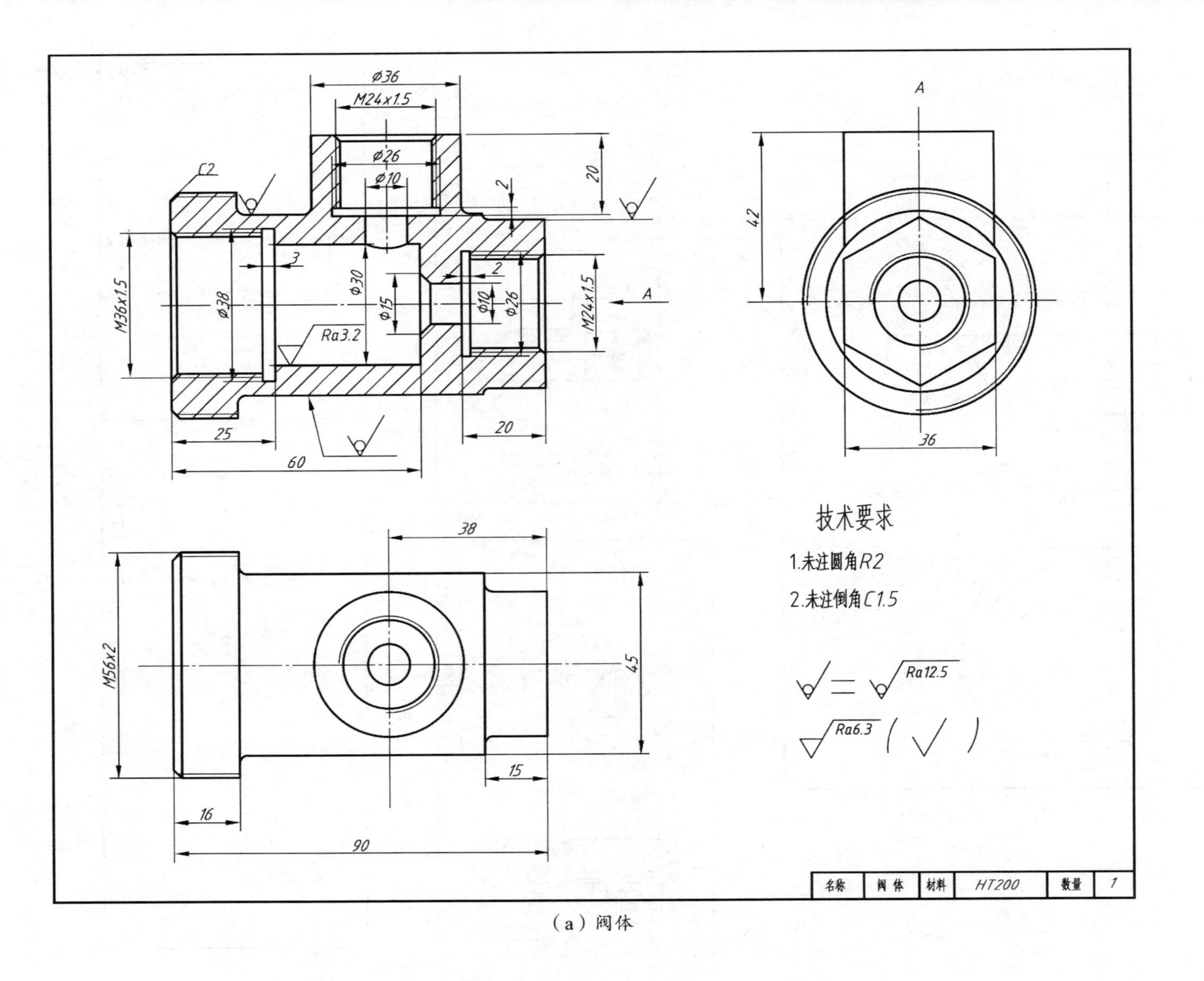

Φ36
M24x1.5
Φ26
Φ10
C2
20
2
M36x1.5
Φ38
3
Φ30
Φ15
2
Φ10
Φ26
M24x1.5
A
Ra3.2
25
20
60
A
42
36
技术要求
1.未注圆角R2
2.未注倒角C1.5
38
M56x2
45
15
16
90
Ra12.5
Ra6.3
名称
阀体
材料
HT200
数量
1

（a）阀体

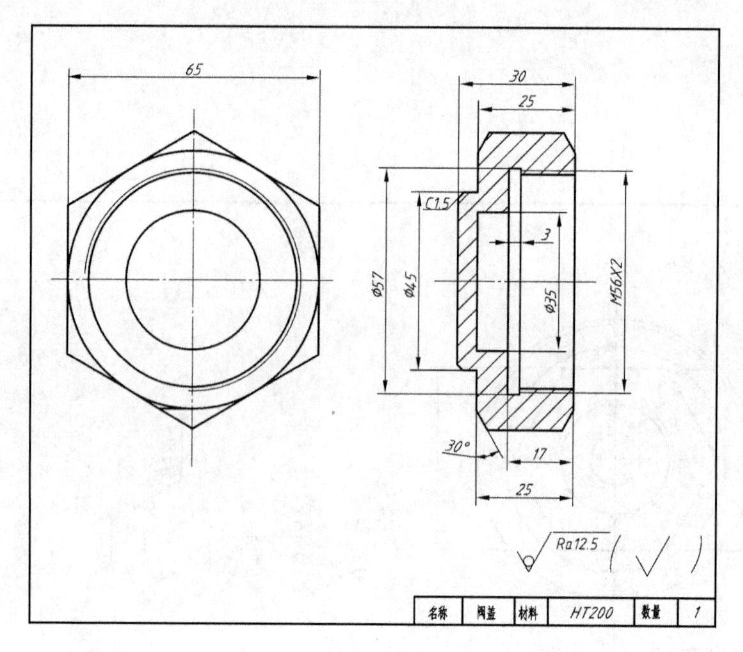

（b）阀盖

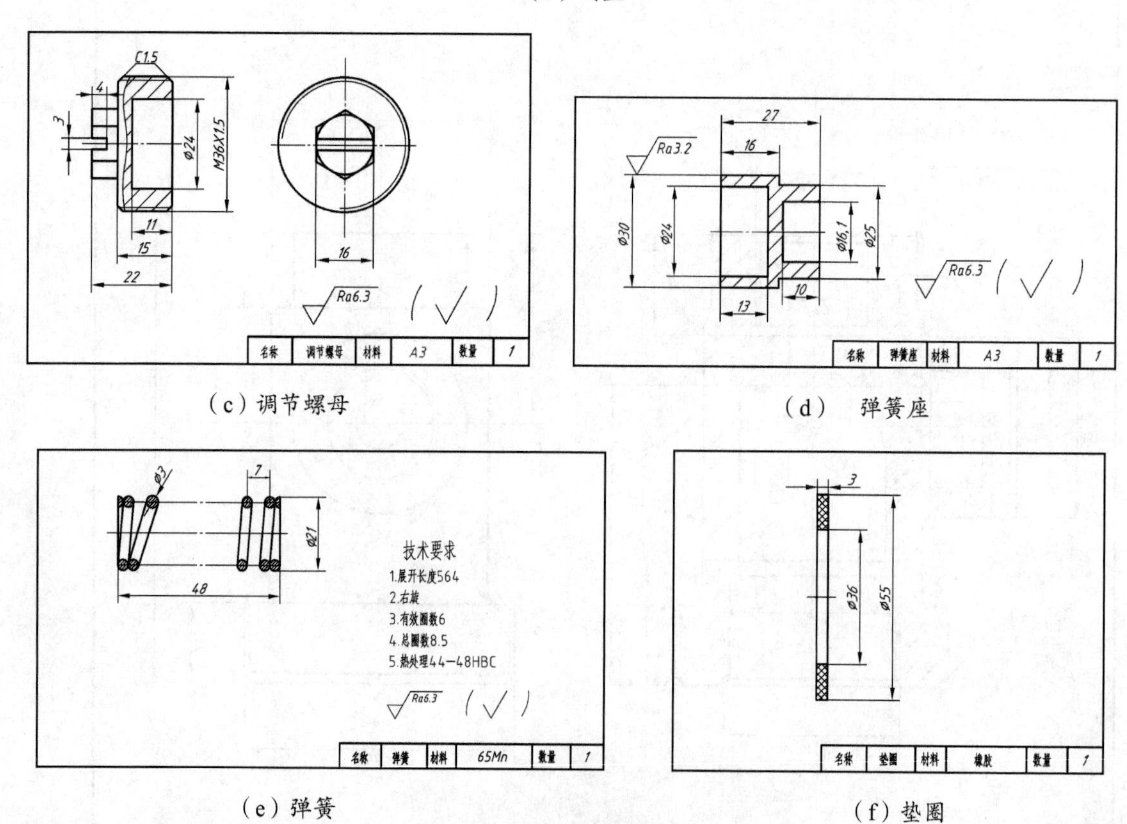

（c）调节螺母

（d） 弹簧座

（e）弹簧

（f）垫圈

图 13-16　溢流阀的零件图

第 14 章　布局与打印

图形绘制完成之后可以使用多种方法输出图形，可以将图形打印在图纸上，或者创建电子打印。AutoCAD 中有两种不同的输出环境，称为模型空间和图纸空间，分别用“模型”和“布局”选项卡表示。

14.1　模型空间和图纸空间

14.1.1　模型空间

模型空间主要用于建模，前面讲述的绘图，修改、尺寸标注等操作都是在模型空间完成的，模型空间是一个没有界限的三维空间，用户在这个空间中以任意尺寸绘制图形，通常按 1:1 的比例，以实际尺寸绘制实体。

14.1.2　图纸空间

图纸空间的图纸与真实的图纸相对应，图纸空间是设置、管理视图的 AutoCAD 环境。在图纸空间可以按模型对象的不同方位显示视图，按合理的比例在图纸上表示出来，还可以定义图纸的大小，生成图框和标题栏。模型空间的三维对象在图纸空间是用二维平面上的投影来表示的，因此它是一个二维环境。

14.1.3　布局

所谓布局，相当于图纸空间环境。一个布局就是一张图纸，并提供预置的打印页面设置。在布局中可以创建和定位视图，并生成图框标题栏等。利用布局可以在图纸空间方便快捷地创建多个视图来显示不同的视图，而且每个视图都可以有不同的缩放比例。

在一个图形文件中模型空间只有一个，而布局可以设置多个。这样就可用多张图纸多侧面地反应同一个实体或图形对象。

14.2　在模型空间中打印图纸

如果仅仅是创建具有一个视图的二维图形，则可以在模型空间中完整创建图形并对图形进行注释，并且直接在模型空间中进行打印，而不是用布局选项卡。

14.2.1　确定图形比例

在 AutoCAD 中一般都采用 1:1 的比例绘制图形，在打印输出时确定打印比例。

14.2.2 设置打印参数

图 14-1 所示为一个已在模型空间中绘制好的图形“吊钩”。

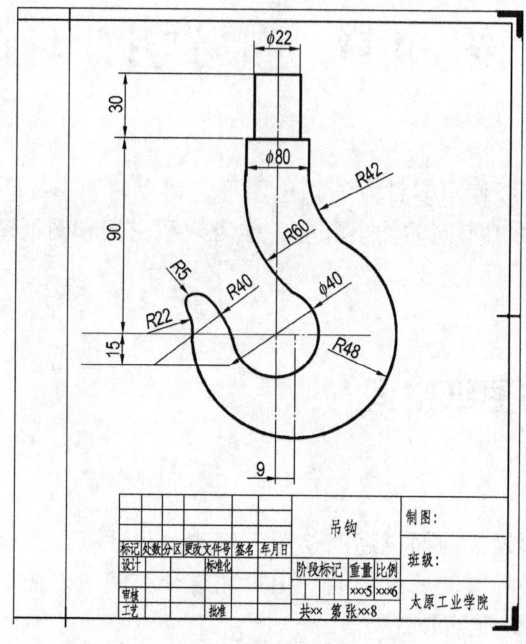

图 14-1 吊钩

1．激活命令

标准工具栏：“打印”

下拉菜单：文件/打印

命令：Piot

2．在模型空间打印的步骤

确保打开文件“吊钩”。激活“打印”命令，调出“打印—模型”对话框，如图 14-2 所示。

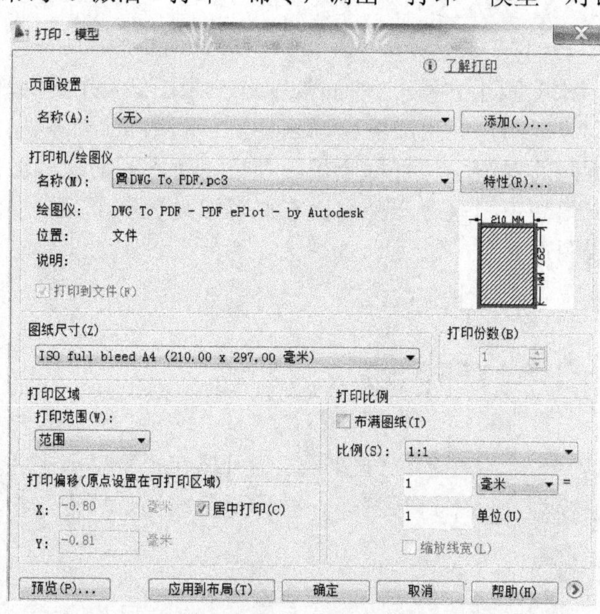

图 14-2 “打印—模型”对话框

在“页面设置”选项组中“名称”下拉列表框中可以选择所要应用的页面设置名称。也可单击“添加”其他的页面设置，如果没有进行页面设置，可以选择“无”选项。

在“打印机/绘图仪”选项中“名称”下拉列表中选择打印机，（如果计算机上有配置打印机），否则选择 AutoCAD 提供的一个虚拟的电子打印机“DWF epiot.pc3”。

3．图形尺寸

在“图纸尺寸”选项组的下拉列表框中可以选择适合的图纸幅面，视窗可以预览图纸幅面的大小。

4．打印区域

在“打印区域”选项组中，用户可以通过 4 种方法来确定打印范围。常用为“窗口”和“图形界限”。

（1）窗口：表示指定打印图形的任意部分，选择了窗口打印区域后，用窗口的方式从图形的左上角点拉向右下角点，将要打印部分包含在打印区域中。

（2）图形界限：表示将打印指定图纸尺寸的页边距内的所有内容，其原点从布局中的（0,0）点计算得出。从模型空间打印时，将打印图形界限定义的整个图形区域。

5．打印比例

去掉“布满图纸”复选框的选择，在“比例”下拉列表中选择 1:1，这个选项保证打印出的图纸是规范的 1:1 工程图，而不是随意的出图比例。如果仅仅是检查图纸，则可以使用“布满图纸”选项以最大化地打印出图形。

单击右下角的箭头，将更多的打印设置显示出来，如图 14-3 所示。

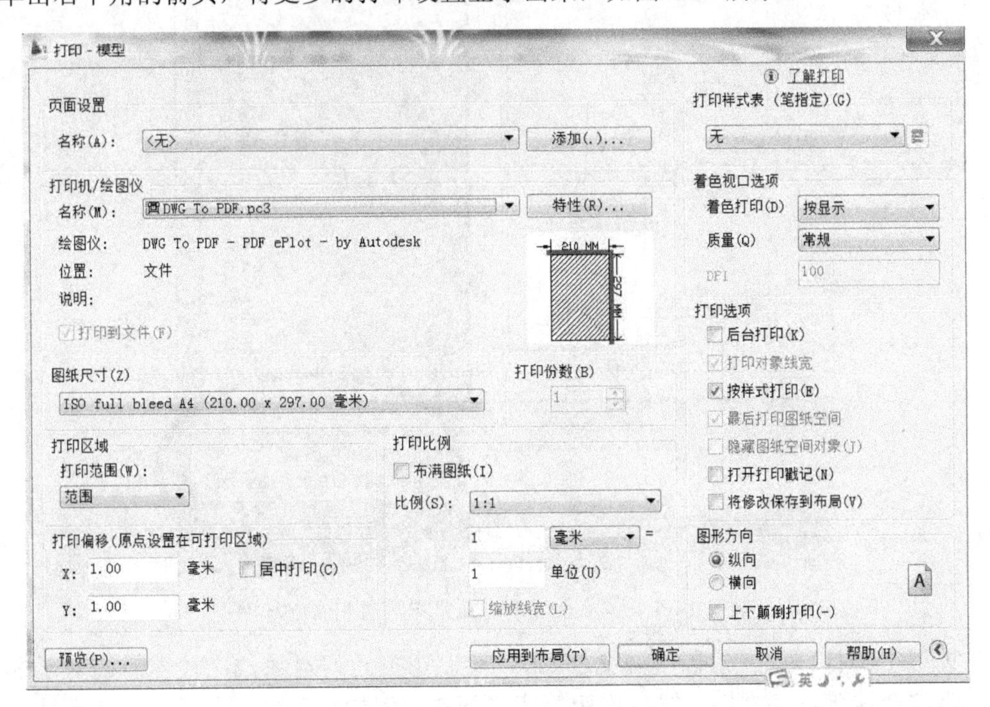

图 14-3 “打印—模型”对话框页面设置

单击“预览”，可以看到即将打印出来图纸的样式如图 14-4 所示，在预览图形的右键菜单中选择“确定”打印开始。

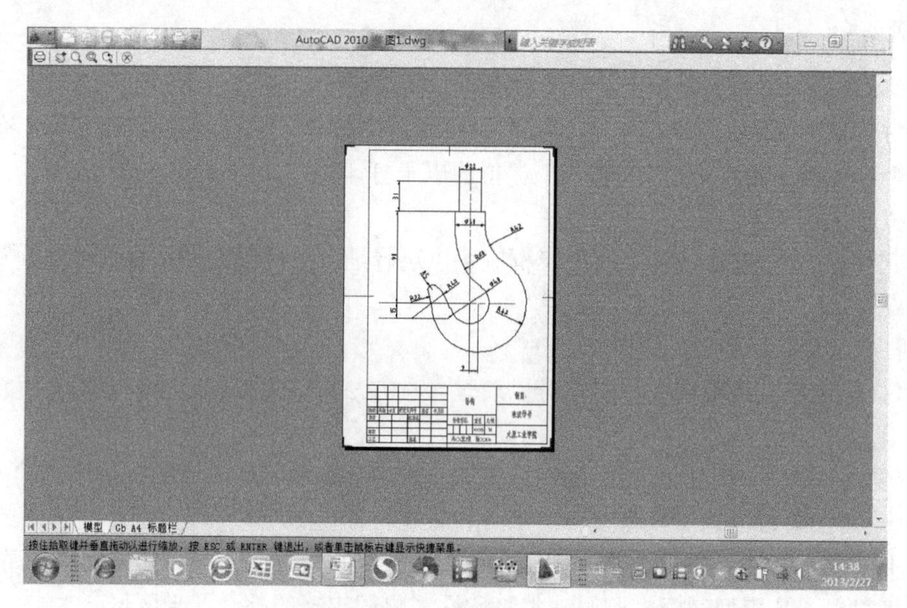

图 14-4 “打印预览”对话框

如果选择的是虚拟的电子打印机，此时会弹出“浏览打印文件”对话框，提示将电子打印文件保存到何处，打印完成后，右下角状态托盘中将会出现“完成打印和作业发布”的气泡通知，如图 14-5 所示。

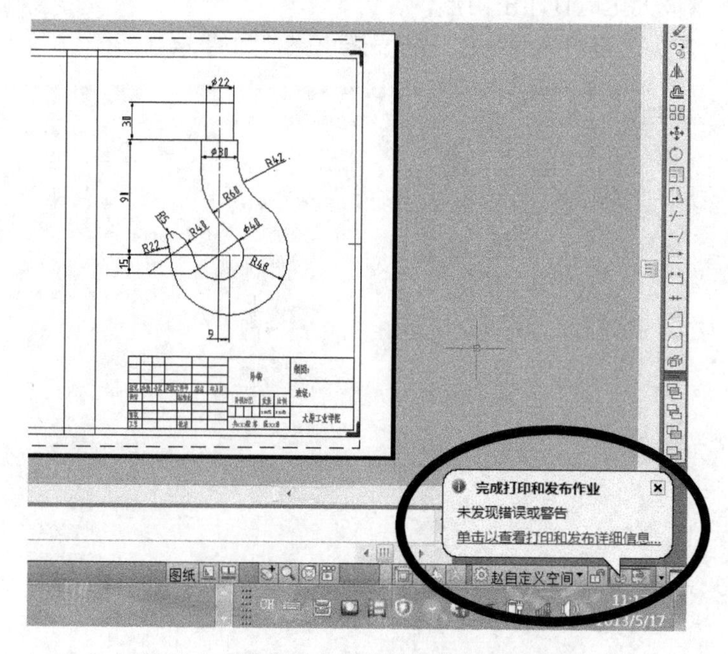

图 14-5 “完成打印和作业发布”的气泡通知

在模型空间打印，通常以实际比例 1:1 绘制图形几何对象，比较容易。对于非 1:1 出图，常常会遇到标注文字、线型比例等诸多问题。例如，在注写文字和标注尺寸时就必须将文字和标注放大 10 倍，线型比例也要放大 10 倍才能在模型空间中正确地按照 1:10 的比例打印出标准的工程图纸。这样做非常麻烦且容易出错，如果使用图纸空间出图将非常容易。

14.3 在图纸空间通过布局打印出图形

图纸空间在 AutoCAD2012 中有如下 3 种创建布局的方法，如图 14-6 所示。

（1）新建布局；

（2）来自样板的布局；

（3）创建布局向导。

激活命令如下。

下拉菜单：“插入”→“布局”

下拉菜单：“工具”→“向导”→“创建布局”

命令：Layout

在“布局”选项卡单击鼠标右键，弹出快捷菜单，如图 14-7 所示。

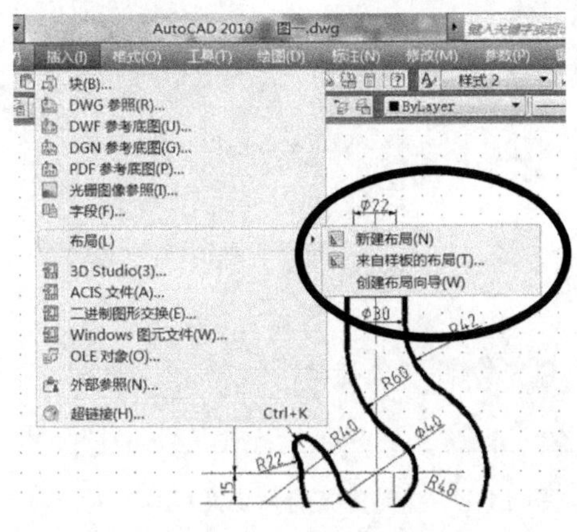

图 14-6 “布局”选项

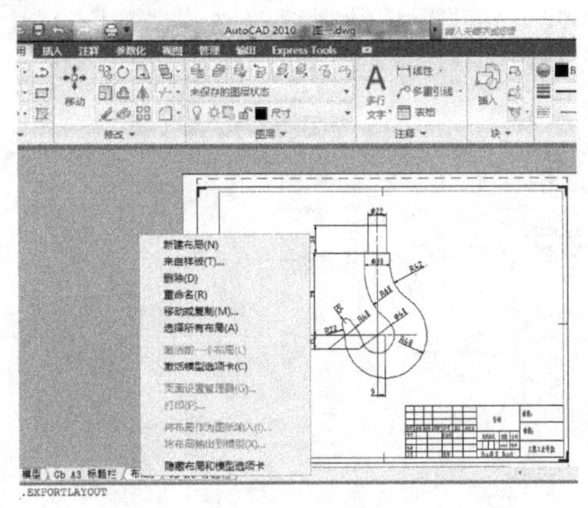

图 14-7 “布局”选项卡快捷菜单

14.3.1 使用布局向导创建布局

单击“创建布局向导”选项通过该创建方式对创建布局各个主要环节进行设置，不需要进行布局的调整和修改即可执行输入打印操作，这是常用的方法之一。

（1）单击下拉菜单“插入”→“布局”→“创建布局向导”，打开“创建布局—开始”对话框，按照向导逐步进行，输入新建布局的名称“钩子”如图 14-8 所示。

（2）选择打印机，如图 14-9 所示。

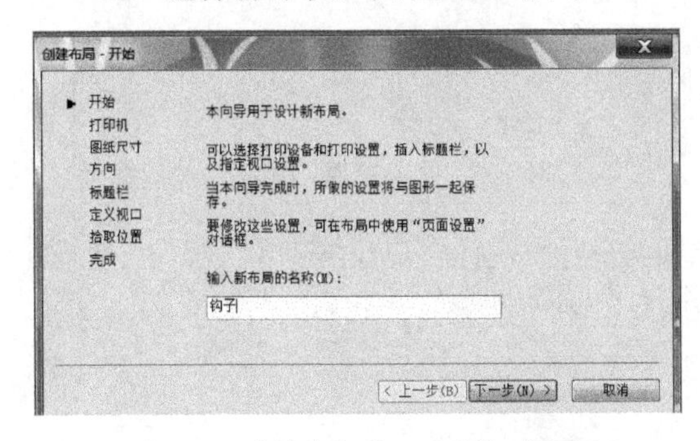

图 14-8 “创建布局—开始”对话框

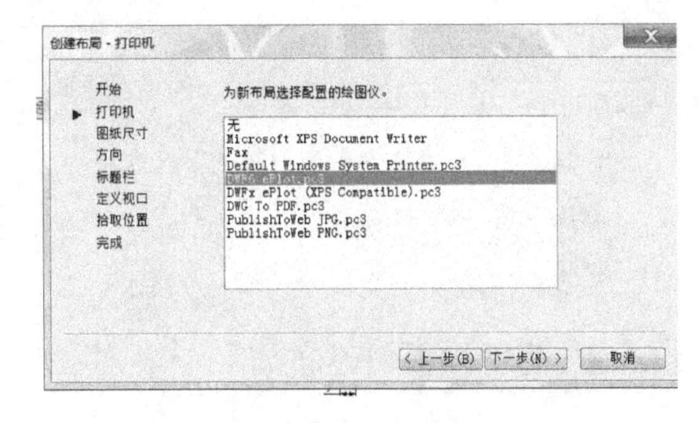

图 14-9 “创建布局—打印机”对话框

（3）确定图纸的大小，如图 14-10 所示。

（4）选择图纸的方向，如图 14-11 所示。

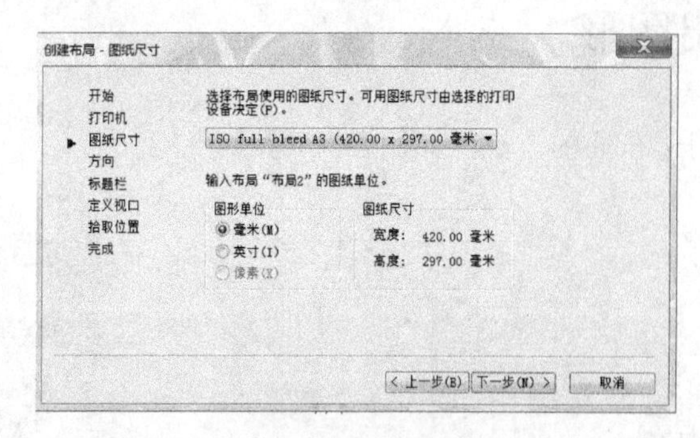

图 14-10 “创建布局—图纸尺寸”对话框

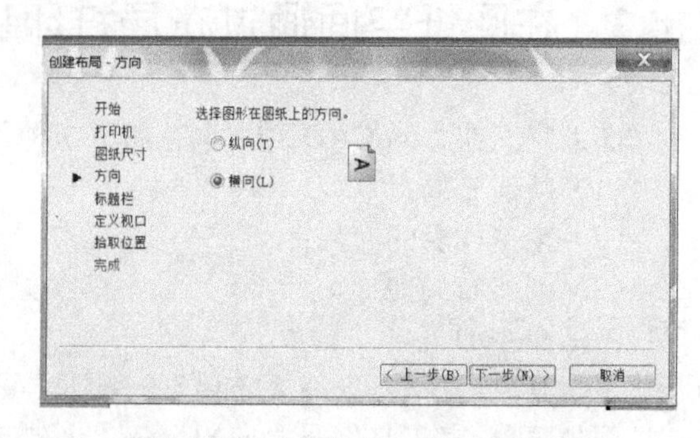

图 14-11 “创建布局—方向”对话框

（5）选择标题栏，如图 14-12 所示。

（6）定义视口及视口的比例，如图 14-13 所示。

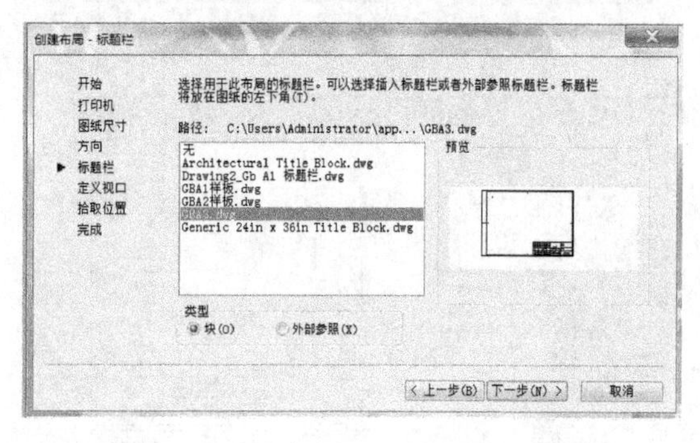

图 14-12 “创建布局—标题栏”对话框

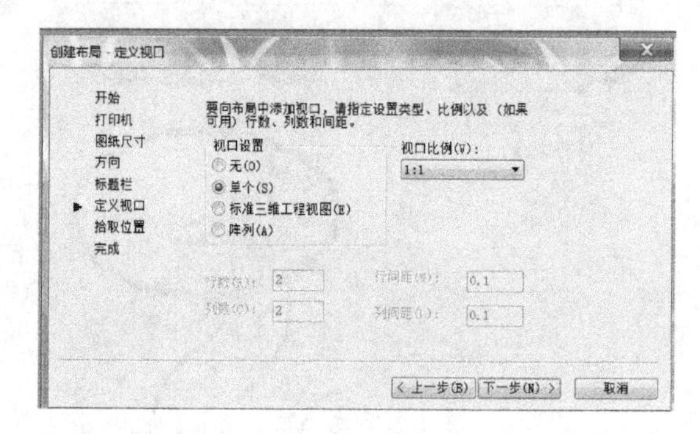

图 14-13 “创建布局—定义视口”对话框

（7）拾取位置，确定图形在图纸上的位置，如图 14-14 所示。

（8）完成一个可以打印的布局，如图 14-15 所示。

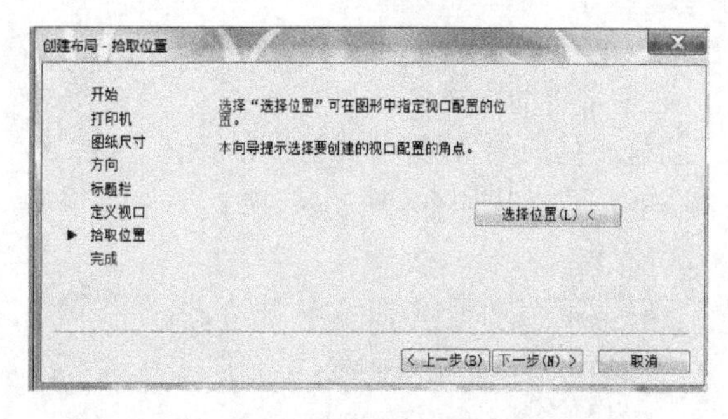

图 14-14 “创建布局—拾取位置”对话框

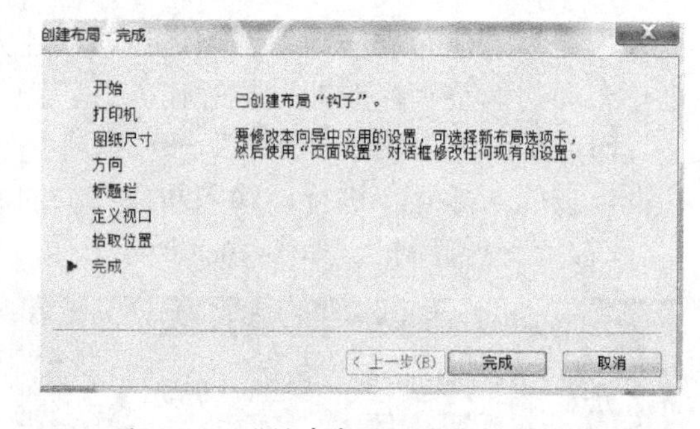

图 14-15 “创建布局—完成”对话框

在对话框的左边列出了“布局向导”，创建布局完成后，在绘图窗口底部的“模型”和“布局”选项卡中增加一个“钩子”选项卡，如图 14-16 所示。

14.3.2 使用样板创建布局

使用样板布局的操作步骤：

（1）单击下拉菜单“插入”→“布局”→“来自样板布局”，弹出“选择样板”对话框，如图 14-17 所示。

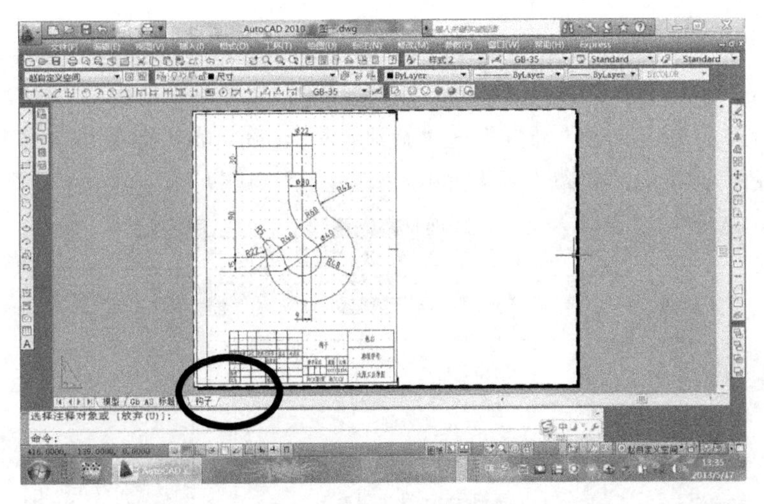

图 14-16 “钩子”布局

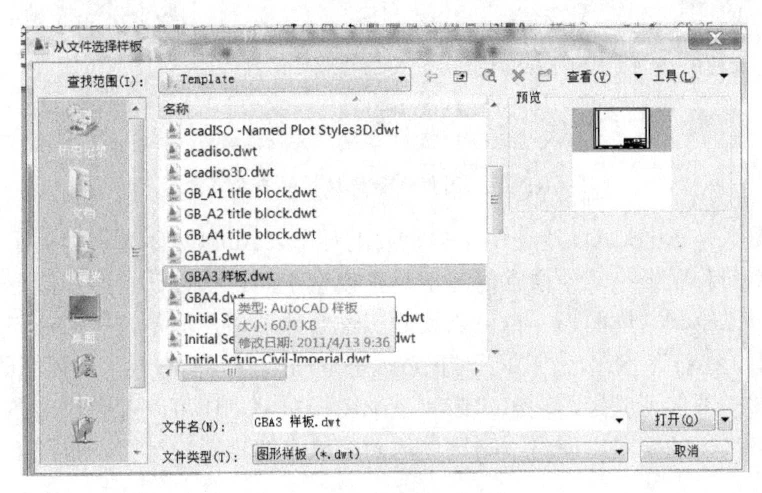

图 14-17 “选择样板”对话框

（2）单击“打开”按钮，在模型选项卡右边会增加一个“布局”页面，如图 14-18 所示。

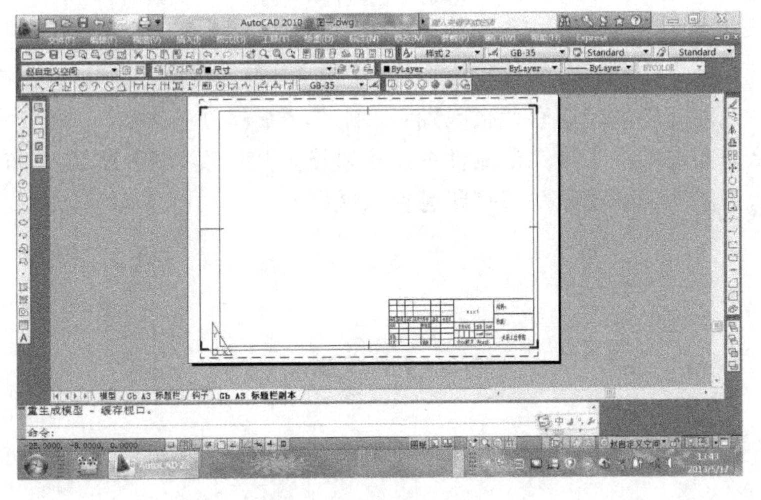

图 14-18 “GBA3 样板”

14.3.3 创建新布局

使用创建布局的操作步骤：

单击下拉菜单“插入”→“布局”→“新建布局”，确定布局名称＜布局 1＞，建立一个无图框线和标题栏的布局，如图 14-19 所示。

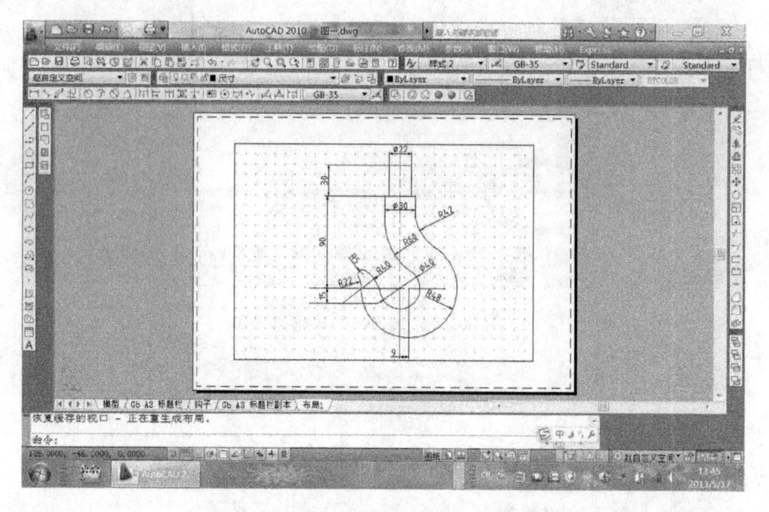

图 14-19 无图框线和标题栏的布局建立

打印输出图纸是 AutoCAD 绘图中十分重要的环节。AutoCAD 系统提供了两个虚拟的绘图空间：模型空间和图纸空间。通常情况下是在模型空间进行设计绘图和图形修改等工作。在模型空间中可以绘制二维图形，也可以绘制三维实体造型，但是直接通过模型空间只能打印输出二维图形。在打印输出三维图形时，必须进入图纸空间的布局，规划视图的位置大小，在图纸空间的布局不仅可以打印输出二维和三维图形对象，还可以打印输出布局在模型空间各个不同视角下产生的视图，或将不同比例的两个以上的视图安排在一张图纸上。

习 题

14-1 什么是模型空间？有什么特点。

14-2 模型空间与图纸空间有什么区别？

14-3 什么是布局？在一个图形文件中，可以设置几个模型空间，几个布局？

14-4 通过模型空间和图纸空间打印有什么区别？

第 15 章　三维建模简介

AutoCAD 不仅提供了丰富的二维绘图功能，而且还提供了三维造型功能。AutoCAD 创建的三维实体之间可以通过各种布尔运算由简单实体创建复杂实体。

15.1　绘制基本实体对象

15.1.1　三维实体绘图基础知识

1．创建三维绘图新文件

单击“新建”按钮，弹出“选择样板”对话框，如图 15-1 所示。选择“acad3D”，单击“打开”按钮，进入了三维绘图界面，如图 15-2 所示。

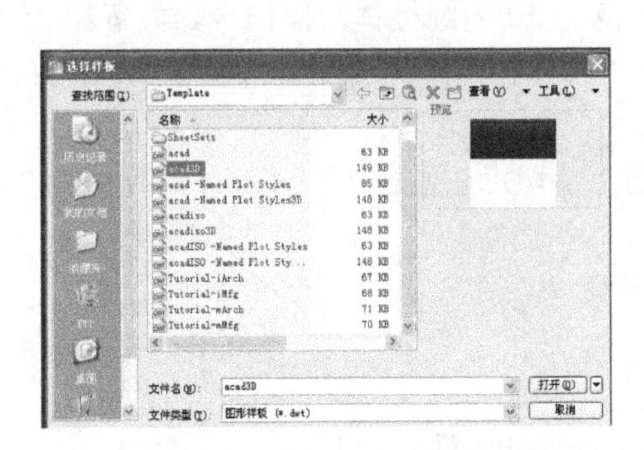

图 15-1　“选择样板”对话框

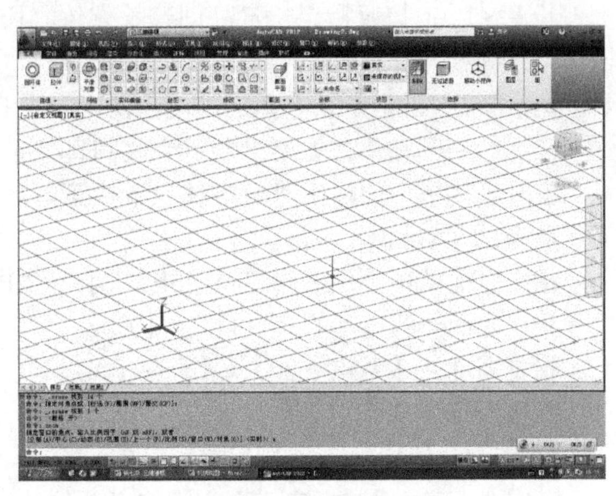

图 15-2　三维绘图界面

2．绘制基本实体对象

AutoCAD 可直接创建的八种基本形体，分别是长方体、圆柱体、圆锥体、球体、棱锥体、楔体、圆环体、多段体，如图 15-3 所示。绘制基本形体的命令在“常用”选项卡中的“建模”面板上，如图 15-4 所示。

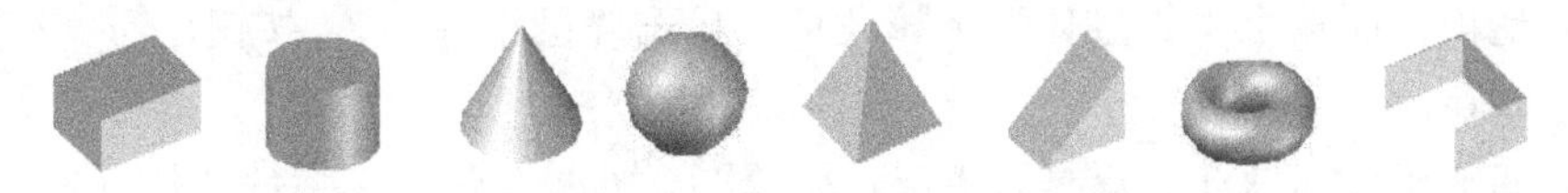

图 15-3　AutoCAD 可直接创建的八种基本形体

（1）绘制长方体。例如，绘制一个 20×30×10 的长方体。操作步骤如下：

单击“建模”面板上“长方体”按钮，命令行提示如下：

命令：_Box
指定第一个角点或［中心（C）］：0, 0（指定长方体底边的一个顶点坐标）
指定其他角点或［立方体（C）/长度（L）］：L（输入“L”，选择长方体底边的长宽尺寸）
指定长度<20.0000>：20（输入底边长度值）
指定宽度<30.0000>：30（输入底边宽度值）
指定高度或［两点（2P）］<10.0000>：10（输入长方形的高度）
完成建模，如图 15-5 所示。

图 15-4 “建模”面板

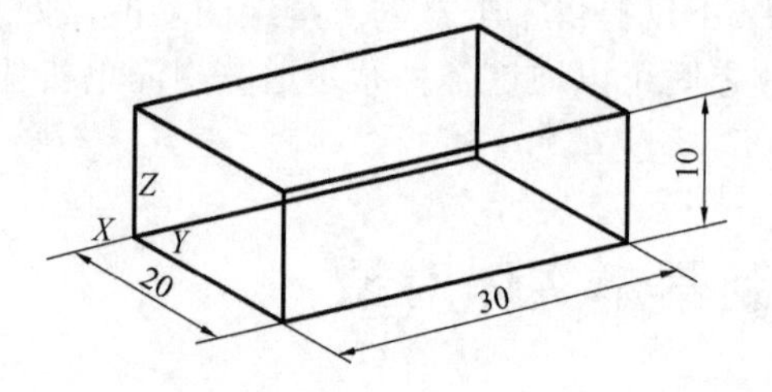

图 15-5 创建的 20×30×10 的长方体

说明：
中心（C）：指定要创建长方体底边的中心点来创建长方体。
立方体（C）：创建一个长、宽、高相同的长方体。
长度（L）：按照指定长宽高创建长方体。长度与 *X* 轴对应，宽度与 *Y* 轴对应，高度与 *Z* 轴对应；
两点（2P）：指定长方体的高度为两个指定点之间的距离。
（2）绘制圆柱体。如要绘制一个底圆直径为 20，高为 20 的圆柱体。操作步骤如下：
打开“建模”面板上“长方体”下拉菜单，单击“圆柱体”按钮，命令行提示如下：
命令：_Cylinder
指定底面的中心点或［三点（3P）/两点（2P）/切点、切点、半径（T）/椭圆（E）］：0, 0
指定底面半径或［直径（D）］：10
指定高度或［两点（2P）/轴端点（A）］<10.0000>：20
完成操作。
说明：
三点（3P）：通过指定三个点来定义圆柱体的底面周长和底面积。
两点（2P）：通过指定两个点来定义圆柱体的底面直径。
相切、相切、半径（T）：定义具有指定半径，且与两个其他对象相切的圆柱体底面。
椭圆（E）：指定圆柱体的椭圆底面。
轴端点（A）：指定圆柱体轴的端点位置。轴端点是指圆柱体上底面的中心点。
（3）绘制圆锥体。操作步骤如下：
打开“建模”面板上“长方体”下拉菜单，单击“圆锥体”按钮，命令行提示如下：
命令：_Cone
指定底面的中心点或［三点（3P）/两点（2P）/切点、切点、半径（T）/椭圆（E）］：
指定底面半径或［直径（D）］<19.15691>：
指定高度或［两点（2P）/轴端点（A）/顶面半径（T）］<35.9655>：
完成操作。

说明：
轴端点（A）：指定圆锥体轴的端点位置。轴端点是圆锥体的顶点，或圆台的顶面中心点。
顶面半径（T）：创建圆台时指定圆台的顶面半径。
其他选项与绘制圆柱体相同。
（4）绘制圆球。操作步骤如下：
打开“建模”面板上“长方体”下拉菜单，单击“圆球”按钮，命令行提示如下：
命令：_Sphere
指定中心点或［三点（3P）/两点（2P）/切点、切点、半径（T）]：
指定半径或［直径（D）］<16.2036>:
完成操作。
（5）绘制棱锥体。操作步骤如下：
打开“建模”面板上“长方体”下拉菜单，单击“棱锥”按钮，命令行提示如下：
命令：_Pyramid
4 个侧面外切：
指定底面的中心点或［边（E）/侧面（S）]：
指定底面半径或［内接（I）］<115.40154>：
指定高度或［两点（2P）/轴端点（A）/顶面半径（T）］<24.15928>：
完成操作。
说明：
边（E)：指定棱锥底面一条边的长度；拾取两点。
侧面（S)：指定棱锥体的侧面数。
创建棱锥面前面的操作与创建二维的正多边形命令相同，首先完成多边形创建，然后指定棱锥面的高度创建棱锥面。
（6）绘制楔体。操作步骤如下：
打开“建模”面板上“长方体”下拉菜单，点击“楔体”按钮，命令行提示如下：
命令：_Wedge
指定第一个角点或［中心（C）]：
指定其他角点或［立方体（C）/长度（L）]：
指定高度或［两点（2P）］<196.8050>：
完成操作。
创建楔体与长方体命令操作方法类似。
（7）绘制圆环体。操作步骤如下：
打开“建模”面板上“长方体”下拉菜单，单击“圆环”按钮，命令行提示如下：
命令：_Torus
指定中心点或［三点（3P）/两点（2P）/切点、切点、半径（T）]：
指定半径或［直径（D）］<151.01523>：
指定圆管半径或［两点（2P）/直径（D）］<2.4588>：
完成操作。
（8）绘制多段体。操作步骤如下：
打开“建模”面板，单击“多段体”按钮，命令行提示如下：

命令：_Polysolid 高度 =4.0000，宽度 =0.2500，对正 = 居中

指定起点或［对象（O）/高度（H）/宽度（W）/对正（J）］<对象>：

指定下一个点或［圆弧（A）/放弃（U）］：

指定下一个点或［圆弧（A）/放弃（U）］：

指定下一个点或［圆弧（A）/闭合（C）/放弃（U）］：

完成操作。

说明：该命令的功能是创建矩形轮廓的实体，类似建筑墙体。通过指定实体的高度和宽度创建矩形轮廓，也可以将现有直线、二维多线段、圆弧或圆转换为具有矩形轮廓的实体。

15.1.2 由平面图形生成三维实体

AutoCAD 不仅可以直接使用三维实体创建对象，还可以通过对二维图形的拉伸和旋转来创建三维实体。但要求所拉伸的二维图形不能是多个独立对象的组合，而应将其转化为单个对象才能用来拉伸实体。多个独立对象组合的二维图形可以通过 PEDIT 命令的“合并”选项将多个独立对象合并为多段线，或使用 REGION 命令将对象转化为面域，进行拉伸。

1．面域

面域是用闭合的形状或环创建的二维区域。闭合多段线、闭合的多条直线和闭合的多条曲线都是有效的选择对象。曲线包括圆弧、圆、椭圆弧、椭圆和样条曲线。例如，将图 15-6（a）所示平面图形转化成面域。

操作过程如下：

命令：_Region

选择对象：（选择整个平面图形）找到 6 个

选择对象：回车

已提取 1 个环。

已创建 1 个面域。

完成操作。

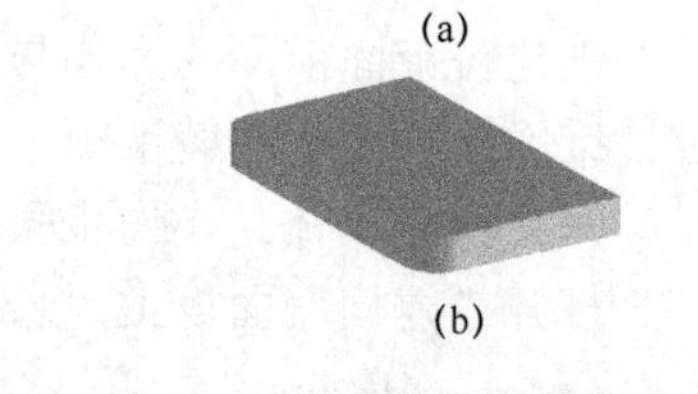

图 15-6　平面图形转化成面域

2．拉伸

拉伸通过沿指定的方向将对象或平面拉伸出指定距离来创建三维实体或曲面。例如将图 15-6（a）所示的图形拉伸 10 个单位，如图 15-6（b）所示，操作如下：

将图 15-6（a）所示平面图形转化为面域，然后单击“建模”面板上的“拉伸”按钮，命令行提示如下：

命令：_Extrude

当前线框密度： ISOLINES=4，闭合轮廓创建模式 = 实体

选择要拉伸的对象或［模式（MO）］：_MO 闭合轮廓创建模式［实体（SO）/曲面（SU）］<实体>：_SO

选择要拉伸的对象或［模式（MO）］：找到 1 个（选择面域的 15-6（a）所示图形，并确认）

选择要拉伸的对象或［模式（MO）］：（回车）

指定拉伸的高度或［方向（D）/路径（P）/倾斜角（T）/表达式（E）］<5.0000>：10（输入高度值）

完成操作，拉伸后的实体如图 15-6（b）所示。

3．旋转

通过绕轴旋转二维图形来创建三维对象。例如将图 15-7（a）所示的图形，绕轴 $X1$ 旋转为图 15-7（b）所示实体。

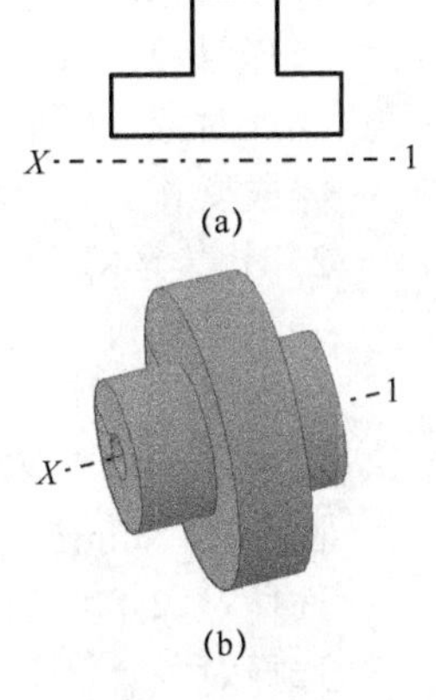

图 15-7　旋转特征

操作过程如下：

打开“建模”面板上的“拉伸”下拉菜单，单击“旋转”按钮，命令行提示如下：

命令：_Revolve

当前线框密度：ISOLINES=4，闭合轮廓创建模式 = 实体

选择要旋转的对象或［模式（MO）］：_MO 闭合轮廓创建模式［实体（SO）/曲面（SU）］<实体>：_SO

选择要旋转的对象或［模式（MO）］：指定对角点：找到 8 个（选择图 15-15（a）所示平面图形）

选择要旋转的对象或［模式（MO）］：（回车）

指定轴起点或根据以下选项之一定义轴［对象（O）/X/Y/Z］<对象>：o

选择对象：（选择直线 X1）

指定旋转角度或［起点角度（ST）/反转（R）/表达式（EX）］<360>：（回车）

完成操作，结果如图 15-7（b）所示。

15.2　编辑三维实体

15.2.1　布尔运算

在 AutoCAD 中，用户不仅可以直接使用系统所提供的命令创建长方体、圆柱体等基本实体，还可以利用拉伸、旋转等命令对二维图形进行三维实体建模，并可以通过对实体进行并集、交集或差集等布尔运算创建复杂的三维实体。

布尔运算的命令位于“实体编辑”面板中，如图 15-8 所示。

图 15-9（a）所示为两个独立的圆柱相交，将其进行布尔运算。

1．并集运算

并集是通过添加操作，合并选定实体来创建新实体，如图 15-9（b）所示。

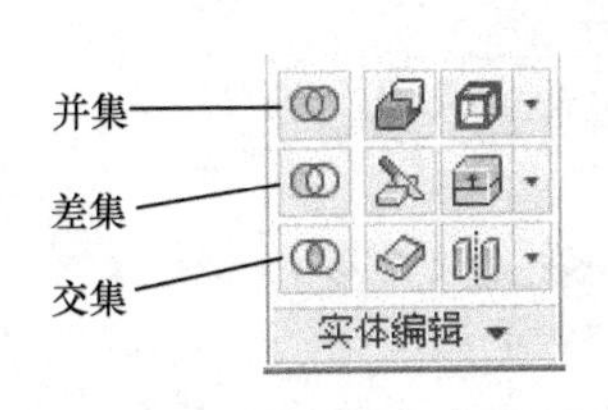

图 15-8　“实体编辑”面板

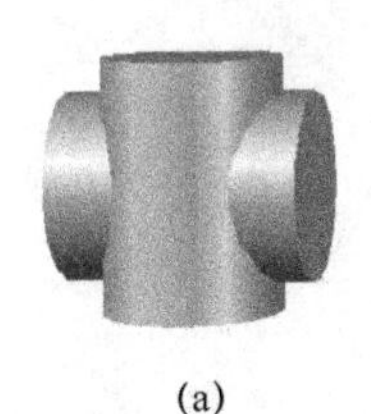
(a)

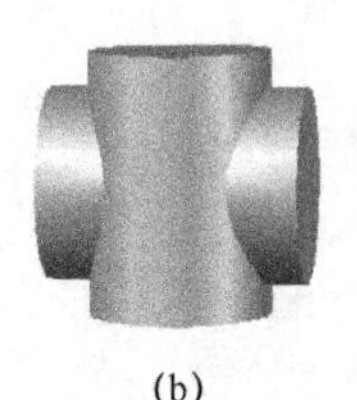
(b)

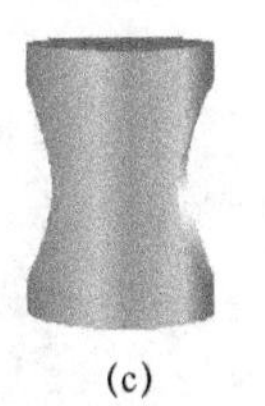
(c)

(d)

图 15-9　布尔运算

（a）源对象；（b）交集；（c）差集；（d）并集。

操作过程如下：

单击“并集”按钮，命令行提示如下：

命令：_Union
选择对象：指定对角点：找到 1 个（选择一个圆柱体）
选择对象：找到 1 个（选择另一个圆柱体）
选择对象：（回车）
完成操作。

2．差集运算

差集是通过减操作，合并选定实体来创建新实体，如图 15-9（c）所示。

操作过程如下：

单击“差集”按钮，命令行提示如下：

命令：_Subtract，选择要从中减去的实体、曲面和面域
选择对象：找到 1 个（选择轴线垂直放置的圆柱）
选择对象：（回车）
选择要减去的实体、曲面和面域
选择对象：找到 1 个（选择轴线水平放置的圆柱）
选择对象：（回车）
完成操作。

3．交集运算

交集从两个或多个实体的交集中创建复合实体，然后删除交集外的区域，如图 15-9（d）所示。

操作过程如下：

单击“交集”按钮，命令行提示如下：

命令：_Intersect
选择对象：找到 1 个（选择一个圆柱）
选择对象：找到 1 个，总计 2 个（选择另一个圆柱）
选择对象：（回车）
完成操作。

15.2.2 编辑三维实体

在 AutoCAD 中，在二维绘图中介绍过的编辑命令大多适用于三维图形，且操作步骤基本相同，只是操作方式不同而已。对三维实体边线的编辑在“常用”选项卡的“修改”面板中，如图 15-10 所示。对三维实体的编辑命令在“常用”选项卡的“实体编辑”面板中，如图 15-11 所示。

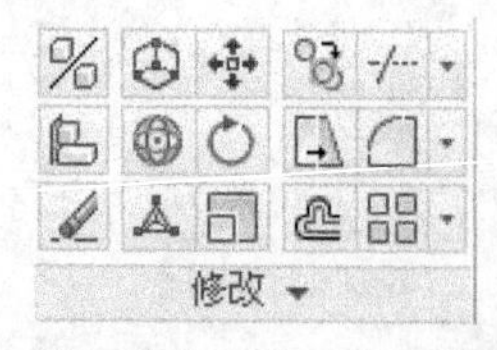

图 15-10 “修改”面板

图 15-11 “实体编辑”面板

编辑三维实体面，可用操作包括：拉伸、移动、旋转、偏移、倾斜、删除、复制或更改选定面的颜色。

15.3 绘制三维集合体

15.3.1 创建并设置用户坐标

1．UCS 命令

在 AutoCAD 中，绘制二维图形通常基于当前坐标系的 *XOY* 平面进行绘图，但在三维环境下绘图就需要在不同的三维模型平面上绘图。为了便于绘图，AutoCAD 提供了 UCS 命令来创建用户坐标系，帮助用户在三维环境中创建或修改对象时，在三维空间中的任何位置移动和重新定义 UCS 以简化工作。UCS 的操作命令都位于“坐标”面板上，如图 15-12 所示。

2．设置当前 UCS 的原点和方向

操作过程如下：

命令：ucs

当前 UCS 名称：*没有名称*

指定 UCS 的原点或［面（F）/命名（NA）/对象（OB）/上一个（P）/视图（V）/世界（W）/X/Y/Z/Z 轴（ZA）］<世界>：50,50,50（输入新的坐标原点，或利用对象捕捉来确定新原点的位置）

指定 *X* 轴上的点或<接受>：（回车）

完成操作。

15.3.2 三维观察

三维导航工具允许用户从不同的角度、高度和距离查看图形中的对象。“动态观察”命令按钮位于“视图”选项卡上的“导航”面板中，如图 15-13 所示。

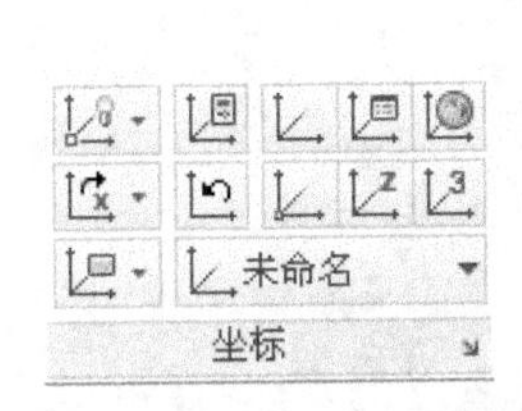

图 15-12 “坐标”面板

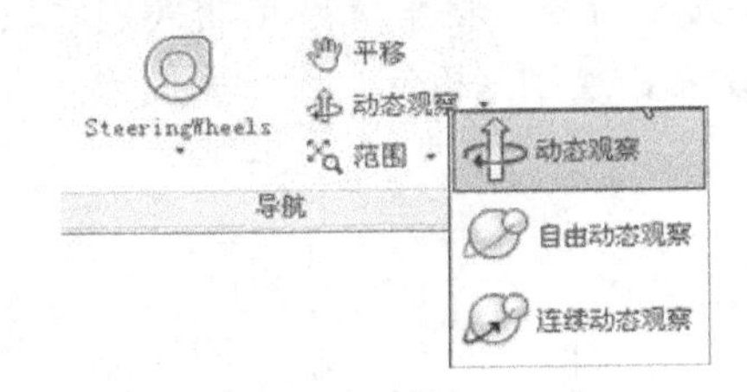

图 15-13 “导航”面板

（1）三维动态观察。围绕目标移动。相机位置（或视点）移动时，视图的目标将保持静止。目标点是视口的中心，而不是正在查看的对象的中心。

（2）自由动态观察。不参照平面，在任意方向上进行动态观察。沿 *XOY* 平面和 *Z* 轴进行动态观察时，视点不受约束。

（3）连续动态观察。连续地进行动态观察。在要使连续动态观察移动的方向上单击并拖动，然后释放鼠标按钮，轨道沿该方向继续移动。

15.3.3 三维实体建模综合举例

例 15-1 绘制如图 15-14 所示的实体模型。

1．形体分析

用形体分析的方法将零件拆成若干个基本形体和基本集合体。如果是基本集合体可用基本几何实体造型，通过长方体、圆柱体、圆锥体、球体命令直接绘制。

绘制基本形体，可使用两种绘制方法：

（1）先画出基本几何体的平面图形，然后用拉伸、旋转命令获得基本形体。

（2）可以将几何体分解成基本几何体，然后用布尔运算命令并、交、差集，将其组合成基本形体，最后利用三维空间位置操作命令完成模型。

2．新建文件并设置绘图环境

单击“新建”按钮，弹出“选择样板”对话框，选择“acad3D”，单击“打开”按钮，进入三维绘图界面。

3．绘制底板

（1）绘制底板平面图形，如图 15-15（a）所示。

（2）首先将平面图形转为面域，然后应用“拉伸”命令将面域拉伸，完成底板模型的创建，如图 15-15（b）所示。

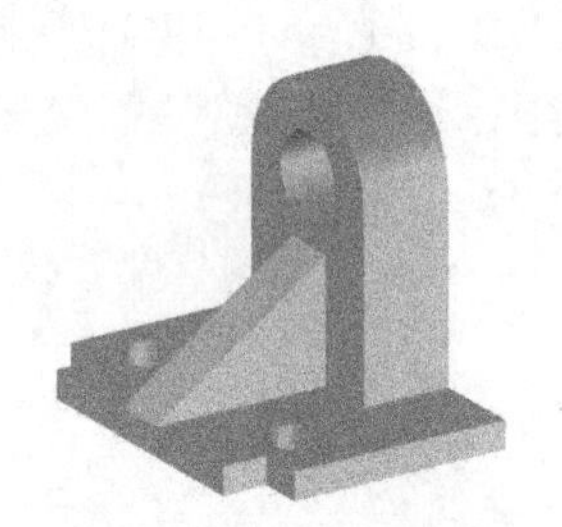

图 15-14　三维实体模型

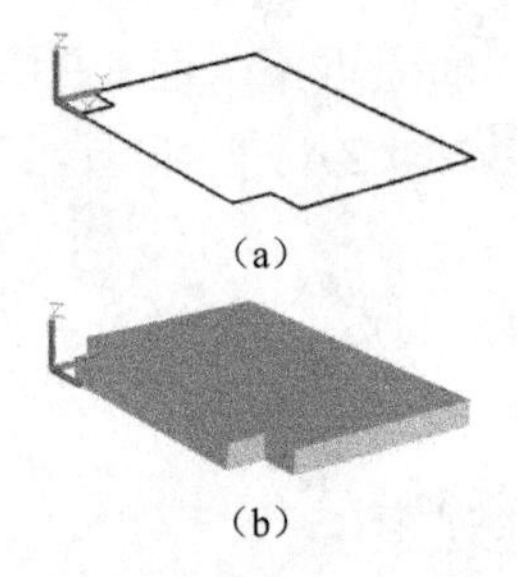

图 15-15　底板平之图形与底板模型

4．绘制立板

（1）使用 UCS 命令，将坐标原点变换到底板上表面，并旋转坐标系，使 *XOY* 平面如图 15-16（a）所示，绘制立板的二维平面图形。

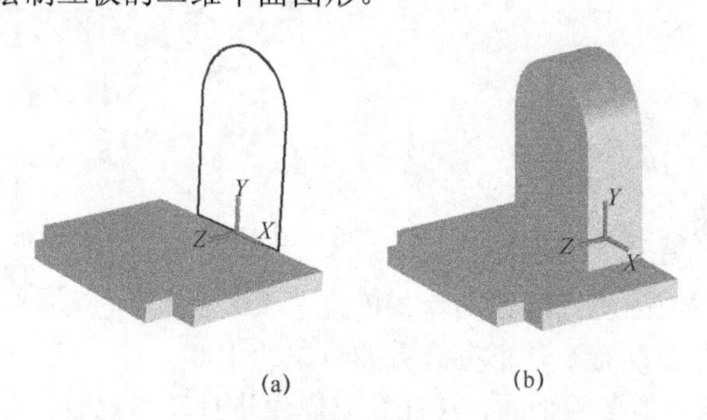

图 15-16　立板二维平面图形与立板实体

（2）将所绘制的立板平面图形转化为面域并拉伸，完成立板实体的创建，如图 15-16（b）所示。

5．绘制肋板

（1）使用 UCS 命令，将坐标原点变换到立板前表面，并旋转坐标系，使 *XOY* 平面如图 15-17（a）所示，绘制立板的二维平面图形。

（2）将所绘制的立板平面图形转化为面域，并拉伸，完成立板实体的创建，如图 15-17（b）所示。

（3）移动肋板，使其对称轴线与立板一致，如图 15-17（c）所示。

6．绘制立板圆孔

（1）使用 UCS 命令，将坐标原点变换到立板前表面，并旋转坐标系，使 *XOY* 平面如图 15-18（a）所示，绘制圆孔的二维平面图形。

（2）将拉伸所绘制圆为圆柱，如图 15-18（b）所示。

（3）利用差集运算，将圆柱从立板中移除，立板上形成圆孔，如图 15-18（c）所示。

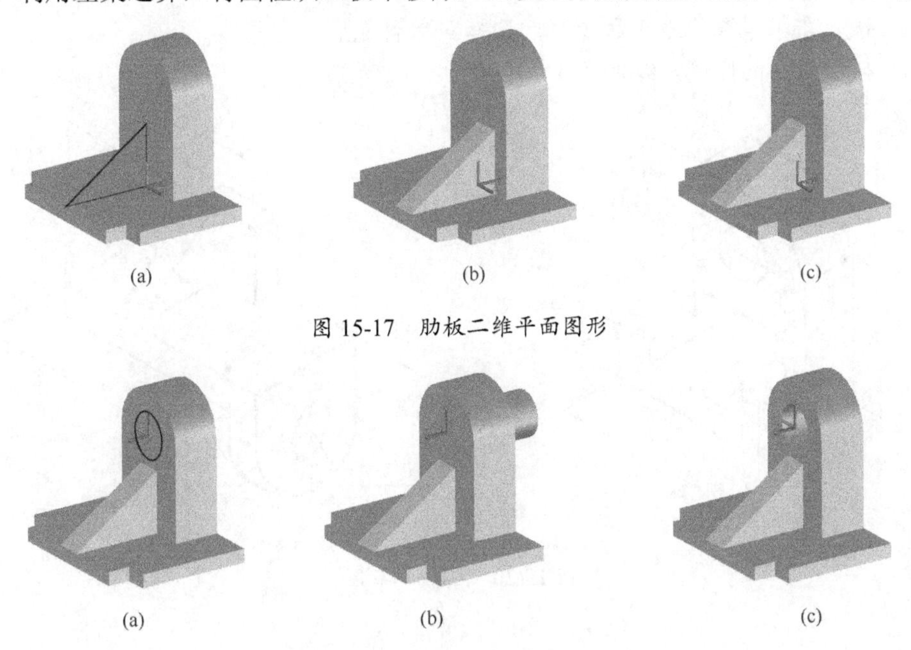

图 15-17　肋板二维平面图形

图 15-18　立板圆孔二维平面图形

7．绘制底板圆孔

（1）使用 UCS 命令，将坐标原点变换到底板前表面，并旋转坐标系，使 *XOY* 平面如图 15-19（a）所示，绘制圆孔的二维平面图形。

（2）将拉伸所绘制圆为圆柱，如图 15-19（b）所示。

（3）利用差集运算，将圆柱从底板中移除，底板上形成两个圆孔，如图 15-19（c）所示。

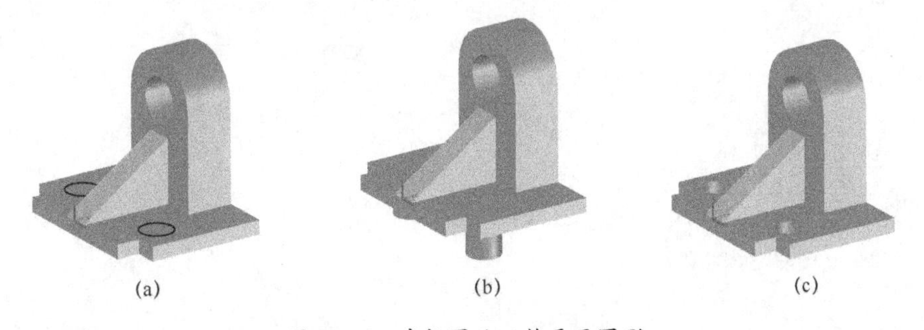

图 15-19　底板圆孔二维平面图形

完成三维实体，如图 15-14 所示。

习　题

15-1　绘制底面为 3×4，顶面为 1×2，高为 2 的四棱台。

15-2　绘制圆台：上底面半径为 12.36，下底面半径为 25.1589，高为 18.26。

15-3　在三维建模过程中，定义不同的 UCS 是为了什么？

15-4　哪种三维显示方法最具有真实感？

15-5　执行布尔运算的差集命令时，选择对象有先后顺序吗？

15-6　按照 1:1 的比例，绘制图 15-20 所示三维模型。

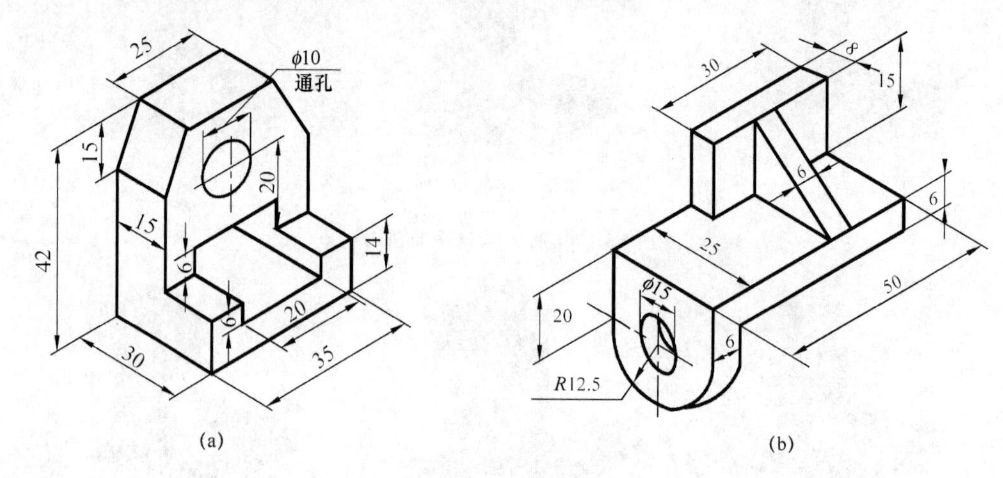

图 15-20　习题 15-6 图

参 考 文 献

[1] 马麟，等. 画法几何与机械制图. 北京：高等教育出版社，2010.

[2] 李虹. 工程制图. 北京：国防工业出版社，2010.

[3] 何培英，等. AutoCAD 计算机绘图实用教程. 北京：高等教育出版社，2012.

[4] 许国玉. AutoCAD 培训教程. 北京：清华大学出版社，2010.

[5] 王建勇，张兰英，康永平. 计算机绘图二维三维实用教程. 北京：北京理工大学出版社，2010.

[6] 王建华，程绪琦. ACAA 教育. AutoCAD 2012 标准培训教程. 北京：电子工业出版社，2012.

[7] 程绪琦，等. AutoCAD 2012 中文版标准教程. 北京：电子工业出版社，2012.

[8] 李善锋，姜勇，李原福. AutoCAD2012 中文版完全自学教程. 北京：机械工业出版社，2012.

[9] 侯文君，王飞. 工程制图与计算机绘图. 北京：人民邮电出版社，2009.

[10] 刘宏，等. 工程制图与 AutoCAD 绘图. 北京：人民邮电出版社，2009.